贵州省科技计划项目(黔科合基础〔2019〕1149 号)资助
贵州理工学院高层次人才科研启动经费项目(XJGC20190606)资助

攀西地区红格镁铁-超镁铁层状侵入体岩浆演化和矿床成因研究

廖名扬 著

中国矿业大学出版社
·徐州·

图书在版编目(CIP)数据

攀西地区红格镁铁-超镁铁层状侵入体岩浆演化和矿床成因研究/廖名扬著.—徐州：中国矿业大学出版社，2019.11

ISBN 978-7-5646-2549-8

Ⅰ.①攀… Ⅱ.①廖… Ⅲ.①钒钛磁铁矿矿床—岩浆发育—成矿作用—研究—四川 Ⅳ.①P618.31

中国版本图书馆CIP数据核字(2019)第249034号

书　　名　攀西地区红格镁铁-超镁铁层状侵入体岩浆演化和矿床成因研究

著　　者　廖名扬

责任编辑　满建康

出版发行　中国矿业大学出版社有限责任公司

（江苏省徐州市解放南路　邮编221008）

营销热线　(0516)83884103　83885105

出版服务　(0516)83995789　83884920

网　　址　http://www.cumtp.com　**E-mail**:cumtpvip@cumtp.com

印　　刷　徐州中矿大印发科技有限公司

开　　本　787 mm×1092 mm　1/16　**印张** 9　**字数** 176千字

版次印次　2019年11月第1版　2019年11月第1次印刷

定　　价　39.00元

前　言

四川二叠纪红格镁铁-超镁铁质侵入体位于我国西南峨眉山大火成岩省内带。岩体的出露部位呈近北北东向展布，长 16 km，宽 3～6 km。根据岩相学和矿物组成，红格岩体自下而上分为三个岩相带：下部橄榄辉石岩相带(LOZ)、中部含磁铁矿层辉石岩相带(MCZ)和上部辉长岩相带(UGZ)。本书对攀西地区红格镁铁-超镁铁质层状侵入体及其各岩相带赋存的钒钛磁铁矿矿层进行了系统的研究。本书通过岩石学、矿物学、元素地球化学及 PGE 地球化学的深入研究得出以下初步结论：

(1) 红格岩体岩浆演化分为深部岩浆房和浅部岩浆房两个阶段。深部岩浆房中硅酸盐矿物的大量结晶使红格岩体母岩浆中 Fe、Ti 不断富集。钛铁氧化物比例(磁铁矿/钛铁矿)和 Ba/Th 比值存在两个垂向上的突变，表明在玄武质母岩浆到达浅部岩浆房后的结晶分异过程中，至少有两次来自深部岩浆房的富 Fe、Ti 岩浆的补给，这些条件为红格岩体中下部巨厚的钒钛磁铁矿矿层的形成提供了充足的物质基础。垂向上 P_2O_5/K_2O 比值稳定以及不相容高场强元素的地球化学行为说明红格侵入体中巨厚的钒钛磁铁矿矿层的成矿机制不是流体不混溶，而是结晶分异。

(2) MELTS 模拟结果表明，在 1 260 ℃ 和 1 155 ℃时的岩浆残余熔体组分与板房箐高钛玄武岩(BFQ-2)和白草低钛玄武岩(BC-1)的成分几乎一致，说明上述玄武岩能够由高钛高镁苦橄质原始岩浆演化而来。此外，我们认为板房箐高钛玄武岩和白草低钛玄武岩以及红格岩体母岩浆可能是同一原始岩浆演化至不同阶段的产物。

(3) 红格母岩浆从深部岩浆房运移到浅部岩浆房的过程中发生的地壳混染作用不仅为原始硫不饱和岩浆提供额外的硫，使其转换为硫饱和并且在深部发生了硫化物熔离作用，还从一定程度上提升母岩浆的氧逸度。

(4) 红格岩体中部单斜辉石岩相带较高的氧逸度(FMQ－0.49 到 FMQ＋0.82)并不是导致钛铁氧化物大量结晶的主要原因，围岩地层中水的加入才是其中钛磁铁矿和钛铁矿大量结晶的关键控制因素。

(5) 红格岩体可能的成矿模式为：幔源岩浆起源于硫不饱和的PGE不亏损的岩浆系统。在幔源岩浆向浅部岩浆房运移的过程中，地壳混染所提供的硫让红格岩体母岩浆达到硫饱和并在深部岩浆房分离结晶出橄榄石、硫化物及少量钛铁氧化物，使其母岩浆转变为PGE亏损的富Fe、Ti玄武质岩浆。在深部岩浆房中演化后的不含水或含少量水的母岩浆进入到红格浅部岩浆房内，在相对封闭的状态下结晶分异出橄榄石、单斜辉石以及少量磁铁矿和钛铁矿，从而形成了红格岩体下部橄榄辉石岩相带。这些矿物的结晶分异会导致残余岩浆中Fe和Ti的不断富集、深部岩浆房的富Fe和Ti岩浆的补给以及补给岩浆和演化残余岩浆加热围岩地层并萃取其中的水，这三个条件可能是结晶和堆积红格岩体中部带巨厚钛铁氧化物矿层的关键控制因素。

本书旨在探讨红格层状岩体的母岩浆特征和岩浆从幔源到浅部岩浆房的分异过程，开展原生钛铁氧化物原始组成的恢复研究以还原成矿期氧逸度和温度，探讨红格岩体是否确为岩浆高氧逸度导致磁铁矿在岩浆演化早期结晶成矿，并建立其成矿模式，丰富了攀西地区钒钛磁铁矿矿床的成矿理论，为进一步找矿提供了理论参考。

由于作者水平所限，疏漏之处在所难免，恳请读者批评指正。

作者

2019年5月

目　　录

第1章　绪　　论

1.1　国内外与岩浆型钒钛磁铁矿矿床相关的镁铁-超镁铁层状岩体研究现状

1.1.1　概述

Wager 等[1]、Morse[2]、Cawthorn[3]认为层状侵入体是指岩石结构和矿物组成在垂向上呈韵律式变化的镁铁-超镁铁质侵入体，其代表了幔源岩浆在地壳中停留、冷却以及演化的产物。层状岩体不仅是人们了解岩浆起源和演化的理想对象，其赋存的大型钛、钒、铬、铁及铂族元素岩浆矿床也对阐明岩浆成矿作用及深化幔源岩浆成矿理论具有十分重要的意义。大量有关层状侵入体的研究用 Wager 等[4]和 Hunter[5]提出的岩体的岩石结构和 Naslund 等[6]提出的韵律层理来解释岩浆的分离结晶过程。而因为层状侵入体庞大而又完好地保存了玄武质岩浆的结晶序列，使其成为研究玄武质岩浆分异演化的天然实验室。

玄武质岩浆演化方面的争议最初源于 Bowen[7]和 Fenner[8]之间的分歧，Bowen 认为火山岩系中流纹质岩石是玄武质岩浆分异形成的(Bowen 分异趋势)，但 Fenner 及其支持者则宣称玄武质岩浆的结晶分异导致其形成富铁的岩浆(Fenner 分异趋势)。后来 Osborn[9]、Presnall[10]从实验研究上指出玄武质岩浆的液相线受氧逸度的强烈影响，如果氧逸度低、则为 Fenner 趋势演化，而岩浆房在较高氧逸度下则为 Bowen 趋势。在同一岩浆的演化过程中，氧逸度(fO_2)高低决定了 Fe-Ti 氧化物相对硅酸盐矿物结晶时间的早晚，从而决定了岩浆的演化趋势。格陵兰东部的 Skaergaard 岩体被认为是记录了玄武质岩浆分异趋势的典型例子，Wager 等[11,4]通过对 Skaergaard 岩体研究认为岩浆结晶分异导致岩浆中铁的不断富集、直到岩浆演化晚期阶段之前没有硅的富集；但 Hunter 等[12]对此提出质疑，并认为 Skaergaard 岩浆演化依循从铁质玄武岩到安山岩到最后是流纹岩。徐义刚等[13]认为峨眉山大火成岩省(ELIP)中同时存在具有明显时空分布特征的Bowen和Fenner岩浆分异趋势,两种分异趋势在同一个大陆大火成岩省内共存在世界上是并不多见的。

韵律层理的形成机理通常被用于解释层状岩体基本的结晶和分异过程,也是长久以来争论的焦点之一。层状岩体的成分具有明显的垂直分带现象,表现出很好的韵律性。而不同韵律层在厚度和长度、各层边界特征、层内垂向和横向变化等方面变化极大。宋谢炎等[14-15]认为矿物成分、晶体大小、矿物比例、全岩从成分和结构同样存在显著差别,这些差别造成对其成因的认识存在很大分歧。这些主要的成因观点包括:Wager等[1]提出的重力堆积成因观点;Irvine等[16]、Jackson[17]提出的原地结晶成因观点;Lesher等[18]、Ulmer[19]、Cameron[20]提出的物理化学条件改变成因观点;McBirney等[21]提出的双扩散对流成因观点;宋谢炎等[22,15]提出的岩浆中化学组分扩散及固化带前锋推进成因观点;Goode[23]提出的韵律性成核观点等。

1.1.2 与镁铁-超镁铁质层状岩体有关的钒钛磁铁矿矿床研究现状

PGE(铂族元素)、贱金属硫化物、铬铁矿、磁铁矿和钛铁矿等矿床通常赋存于镁铁-超镁铁质层状岩体当中(见表1-1)。然而,由于其成矿过程与成岩过程存在密切联系,此类矿床的成因不可避免地成为岩浆岩成矿领域的研究热点。然而,对其成矿机制的深入研究对于了解地幔组成、母岩浆性质、岩浆演化过程、结晶分异过程有着重要的作用。其中,与镁铁-超镁铁质层状岩体有关的岩浆型钛铁氧化物矿床主要以如下三种形式产出:① 产出于大型层状岩体顶部的辉长岩、辉长苏长岩和闪长岩中(如南非的Bushveld杂岩体,澳大利亚的Windimurra岩体);② 产出于层状岩体中、下部的橄辉岩、辉石岩、橄长岩或者辉长岩中(如攀西地区的红格、白马、攀枝花等岩体);③ Lee[24]和Charlier等[25]所提出的产出于斜长岩、苏长岩、橄长岩和辉长岩中(如挪威的Bjerkreim-Sokndal和Tellnes矿床)。前两种矿床的母岩浆通常为富铁的拉斑质或苦橄质玄武岩浆,Barnes等[26]、Mathison等[27]、McBirney[28]、Wilson等[29]认为与地幔柱作用有关;Wilmart等[30]、Charlier等[25]认为后者通常形成于造山后伸展环境,母岩浆多为富铝的拉斑玄武质岩浆。尽管前人对岩浆型钛铁氧化物矿床的研究为其形成机理提供了重要的认识,但目前尚未形成统一的认识可以用来解释这些矿床的岩石学成因以及地球化学特征。主要包括以下几种成因模式:

表 1-1　世界主要层状岩体及相关矿床

岩体	分布地区	形成时代	规模	构造背景	相关矿产
布什维尔德杂岩体	南非	2.06 Ga	面积 65 000 km^2，厚度 7～9 km	与地幔柱有关	超大型铬-铂族元素-钒-钛-铁(Cr-PGE-V-Ti-Fe)矿床
斯蒂尔沃特杂岩体	美国	2.7 Ga	长度 47 km，宽度 8 km，厚度 6 km	与地幔柱有关	超大型铂族元素-铜-镍-铬(PGE-Cu-Ni-Cr)矿床
Great Dyke 岩体	津巴布韦	2.46 Ga	长度 550 km，宽度 4～11 km，厚度 1.9～3.3 km	与地幔柱有关	超大型铬-铂族元素-铜-镍(Cr-PGE-Cu-Ni)矿床
斯卡尔加德岩体	东格陵兰	55 Ma	长度 11 km，宽度 7 km，厚度 3.5 km	与冰岛地幔柱有关的北大西洋大火成岩省	铂族元素-金(PGE-Au)矿床
杜鲁斯杂岩体	美国	1.1 Ga	面积 5 000 km^2，厚度 3～5 km	与地幔柱有关的 Keweenawan 陆内裂谷	超大型铜-镍-铂族元素(Cu-Ni-PGE)矿床
穆斯科克斯岩体	加拿大	1.27 Ga	长度 125 km，宽度 11 km，厚度 1.8 km	与地幔柱有关的 Coppermine River 大火成岩省	镍-铜-铂族元素(Ni-Cu-PGE)矿床
穆尼穆尼(Munni Munni)杂岩体	澳大利亚	2.93 Ga	长度 25 km，宽度 9 km，厚度 5.5 km	陆内裂谷	超大型铂族元素-铜-镍(PGE-Cu-Ni)矿床
比埃尔克里姆-索克达尔岩体	挪威	930 Ma	长度 40 km，宽度 15 km，厚度 1.8 km	造山后伸展	无
丰根-海林根岩体	挪威	426 Ma	面积 160 km^2，长度 40 km，厚度 6 km	造山晚期伸展	无
潘尼卡杂岩体	芬兰	2.44 Ga	长度 23 km，宽度 1.5～3.5 km，厚度 2～3 km	陆内裂谷	铜-镍-铂族元素(Cu-Ni-PGE)矿床

表 1-1(续)

岩体	分布地区	形成时代	规模	构造背景	相关矿产
波尔蒂芒杂岩体	芬兰	2.43 Ga	长度 20 km，宽度 15 km，厚度 1.2 km	陆内裂谷	铜-铁-镍-铂族元素(Cu-Fe-Ni-PGE)矿床
费德罗夫·潘斯基岩体	俄罗斯	2.5 Ga	面积 250 km^2，厚度 4 km	陆内裂谷	Cu-Ni-PGE 矿床
朗姆杂岩体	英国	60 Ma	长度 10 km，宽度 10 km，厚度 0.8 km	与冰岛地幔柱有关的不列颠第三纪大火成岩省	无
攀枝花岩体	中国	～260 Ma	长度 19 km，宽度 2 km，厚度 2.5 km	与地幔柱有关的峨眉山大火成岩省	超大型钒钛磁铁矿矿床
白马岩体			长度 24 km，宽度 2～2.6 km		超大型钒钛磁铁矿矿床
太和岩体			长度 3.7 km，宽度 3.5 km，厚度 1.2 km		超大型钒钛磁铁矿矿床
红格岩体			长度 15 km，宽度 6 km，厚度 1.7 km		超大型钒钛磁铁矿矿床、铂族元素矿化

(1) Emslie[31]、Ashwal[32]、Charlier 等[25]提出的结晶及重力分异成因模式。这一模式最早由 Wager 等提出,用来解释层状岩体中普遍存在的韵律旋回。Juster 等[33]、Toplis 等[34]的实验表明,在低压条件下,铁玄武质母岩浆并不会只得到单一的钛铁氧化物相,因此需要额外的机制来解释巨厚的钛铁氧化物矿层。因为玄武质岩浆的普遍密度为 3.1～3.2 g/cm^3,所以晶体沉淀模型通常认为稠密的钛铁氧化物晶体(4.5～4.6 g/cm^3)会从其结晶处下沉。有效的结晶和下沉为高纯度的块状钛铁氧化物矿层的形成提供了简单明了的解释。然而,此模式却很难解释基性侵入体中钛铁氧化物矿层赋存于不同韵律层的情况。

(2) Cawthorn 等[35-36]提出的原位结晶成因模式。此模式假设钛铁氧化物的结晶作用通常发生在岩浆房底部的固化带边缘,并且残余融体要足够轻才能从固化带向上循环而返回到岩浆房中去。此外,固化带中需要不断有与已结晶钛铁氧化物组分一致的岩浆补给,才能形成钛铁氧化物矿层。此模式同样需要解释上面提到的氧化物矿层韵律式出现的问题。Cawthorn 等[35]认为这种钛铁氧化物矿层周期性的重复出现可能与岩浆房内压力的周期性变化有关,然而相关的相图至今也未曾发表出来。

(3) 岩浆混合成因模式。Irvine[37]首先采用岩浆混合模式来解释 Bushveld 杂岩体中铬铁矿的成因。Irvine 等[38]、Harney 等[39]提出新加入的岩浆与残余岩浆的混合将导致铬铁矿作为单一相结晶出来,这一模式也被用来解释磁铁矿的结晶。基于铬铁矿-橄榄石-斜方辉石三元相图,Irvine 等认为,富 Cr 的原始岩浆和富 SiO_2 的演化岩浆混合,是造成 Bushveld 岩体底部形成均一的铬铁矿层的原因。Harney 等用此模型来解释 Bushveld 岩体顶部的磁铁矿层成因,并认为每一个钛铁氧化物矿层代表了一次岩浆混合事件。然而,Cawthorn 等[36,40]对于岩浆混合而导致氧化物矿床形成的能力提出质疑,认为混合事件并不能瞬时形成氧化矿层。

(4) Bateman[41]、Anderson[42]、Philpotts[43]、Kolker[44]、Reynolds[45]、Von Gruenewaldt[46]所提出的氧化物熔体与硅酸盐岩浆的不混溶成因模式。Reynolds[47-48]、Von Gruenewaldt[46]采用这一模式来解释 Bushveld 杂岩体上部辉长岩带中 Fe-Ti 氧化物层的成因。此外,Holness 等[49]、Humphreys[50]、Jakobsen 等[51]也利用这一模式来解释 Skaergaard 侵入体上部辉长岩带中 Fe-Ti 氧化物层的成因。Zhou 等[52]利用这一模式来解释攀枝花岩体下部辉长岩中钒钛磁铁矿矿层的成因。不混溶模式通常基于以下两点:① Philpotts[43]所提出的钛铁磷灰岩的钛铁氧化物和磷灰石比例达到 2∶1;② Naslund 等[53-54]研究 Kiruna 型矿床，认为其中所包含的钛铁磷灰岩和磁铁矿矿体都是由氧化物岩浆的喷发所致。不混溶模式假设 Fe-Ti-O 流体是在岩浆演化过程中从共存的基性岩浆中分离得到的，在氧化物熔体完全固化之后，会进一步通过下沉和压滤作用来形成矿体。Naslund 等还利用此模式解释许多钛铁氧化物矿床中钛铁氧化物矿床与韵律层的整合及不整合的接触关系。

(5) Klemm 等[55]、Kärkkäinen 等[56]提出的氧逸度的波动成因模式。理论上来说，氧逸度的升高通常会抑制含二价铁的硅酸盐矿物的结晶，进而促进含二价和三价铁的钛铁氧化物结晶。Toplis 等[34,57]和 Botcharnikov 等[58]的实验研究表明，在铁玄武质岩浆体系中，氧逸度的变化对 Fe-Ti 氧化物的结晶温度和相对时间起着明显的控制作用。因此，Klemm 等[55]、Ganino 等[59]、Bai 等[60]认为由围岩中流体的加入而导致岩浆中氧逸度升高是磁铁矿的饱和与结晶的控制性因素。

1.2 峨眉山大火成岩省含钒钛磁铁矿侵入体研究现状

峨眉山大火成岩省位于我国西南部云南、贵州、四川的广大地区，向南延伸至越南北部，出露面积超过 50 万 km^2，Song 等[61-62]、Xiao 等[63]、Xu 等[64]认为它主要由峨眉山玄武岩、镁铁-超镁铁质层状侵入体以及同源的酸性、碱性侵入岩组成。峨眉山大火成岩省自 20 世纪 80 年代便引起了人们广泛的关注，至今已有超过 200 篇有关峨眉山大火成岩省的文章发表。骆耀南[65]、张云湘等[66]、从柏林[67]早期的研究普遍认为峨眉山大火成岩省中大规模的峨眉山玄武岩喷溢及基性-超基性岩侵位是海西期康滇地轴隆起、陆内裂谷拉张作用的结果。通过近年来对攀西地区镁铁-超镁铁质层状岩体和岩脉中锆石的 U-Pb 定年研究，Chung 等[68]、侯增谦等[69-70]、Zhou 等[52,71-72]、Guo 等[73]的研究证据表明峨眉山大火成岩省为中晚二叠世（～259 Ma）峨眉山地幔柱作用的结果，张云湘等[66]、宋谢炎等[74]、侯增谦等[70]、Song 等[61]、Zhu 等[75]的研究确认了峨眉山大火成岩省的空间分布及厚度变化。自从 Chung 等[68]首次提出峨眉山大火成岩省的地幔柱成因之后，上扬子西缘碎屑岩的空间展布和沉积环境研究进一步证实了峨眉山大火成岩省的地幔柱成因。Xu 等[64]、Xiao 等[76]根据 TiO_2 含量和 Ti/Y 比值将峨眉山玄武岩划分为高钛玄武岩（$TiO_2>2.5$ wt%，Ti/Y＞500）和低钛玄武岩（$TiO_2<2.5$ wt%，Ti/Y＜500）两个系列。He 等[77]、Xiao 等[63]、Xu 等[64]的研究认为两类玄武岩地球化学性质的差别表明其是不同地幔源区在不

同条件下的熔融产物，而 Hao 等[78]、Zhang[79]、Dong 等[80]、Shellnutt 等[81]学者则认为高钛和低钛玄武岩是同源母岩浆经过不同程度结晶分异的产物。与镁铁-超镁铁质侵入体（红格、攀枝花、白马岩体等）有关的钒钛磁铁矿矿床，主要分布在峨眉山大火成岩省的内带并且与高钛玄武岩有关；与镁铁-超镁铁质侵入体有关的 Cu-Ni-PGE 矿床，Song 等[61-62,82-84]、Xu 等[64]、宋谢炎等[85]、Zhou 等[71]认为在峨眉山大火成岩省内带（如力马河和青矿山）和外带（如杨柳坪和金宝山）均有分布，与低钛玄武岩有关。

1.2.1　攀西层状岩体研究现状

位于我国西南的攀西地区是全球最大的钒钛磁铁矿矿集区，自南向北沿磨盘山-元谋断裂和攀枝花断裂带出露有一系列含钒钛磁铁矿矿床以及铂族元素矿化的基性-超基性岩体。从北向南依次为：太和岩体，Zhou 等[71]认为该岩体形成于 262±3 Ma；白马岩体，Guo 等[73]认为该岩体形成于 262±3 Ma；新街岩体，Zhou 等[72]认为该岩体形成于 259±3 Ma；红格岩体，Zhong 等[86]认为该岩体形成于 259±3 Ma；攀枝花岩体，Zhou 等[52]认为该岩体形成于 263±3 Ma。而红格岩体赋存有攀西地区最大的钒钛磁铁矿矿床。而骆耀南[87]、李德惠等[88]、卢记仁等[89]、刘杕等[90]、从柏林等[67]、宋谢炎等[14]学者对攀西层状岩体及其钒钛磁铁矿矿床的早期地质调查研究查明了岩矿体产状、岩矿层分布、矿石矿物组分和特征元素在层序上的变化规律，并开展了成矿机制和成矿模式方面的早期研究。

2000 年以来，基于探讨峨眉山大火成岩省构造岩浆活动及成矿作用研究，Zhou 等[71-72]、Zhong 等[86,91-92]、胡素芳等[93]、Zhang 等[94]、Hou 等[95]学者对攀西层状岩体开展了年代学、岩浆成因方面的精细研究。基于岩石学多年来的发展、攀西层状岩体岩浆成因及演化认识上的新进展及测试技术的进步，以 Zhou 等[52]对攀枝花岩体的系统研究为代表开启了近年对攀西层状岩体岩浆演化及成矿机理的新一轮更加深入的研究，主要围绕以下几个方面：① 针对成矿机理的矿物、岩石地球化学研究。目前存在两种不同观点：Zhou 等[52]认为，攀西层状岩体中的钒钛磁铁矿矿床为与岩浆不混熔有关的晚期岩浆矿床；而 Pang[96-98]、Wang 等[99]认为可能是高氧逸度环境下岩浆演化早期的钛铁氧化物结晶成矿。② 基于成矿机理认识上存在的分歧，特别是针对可能因为高氧逸度造成磁铁矿早期结晶问题，许多研究人员开展了或开始对成矿环境约束主要是混染作用的识别和示踪方面的研究。如：Ganino 等[100]提出围岩去碳酸盐化造成氧逸度升高的模式。Xing 等[101]开展了利用稳定同位素 C—H—O 对可能存在的流体活动进行地球化学识别研究。赵莉等[102]、艾羽等[103]开展了利用放射性同位素锶钕铅示踪岩浆演化过程中地壳混染作用。③ 利用岩石或单矿物中特征指示元素对岩浆演化及成矿过程的示踪，如 Zhong 等[92]开展了岩矿石 PGE 地球化学研究，Bai 等[60]探讨了岩浆通道系统成矿模式；张晓琪等[104]开展了攀枝花岩体斜长石和橄榄石成分及特征元素组分在垂向上的变化研究。④ 利用非传统同位素对成矿过程的示踪，如王世霞等[105]开展了攀枝花铁矿石 Fe 同位素研究。

1.2.2 岩浆型钒钛磁铁矿研究现状与存在问题

岩浆过程包括源区的部分熔融形成原始岩浆的过程——岩浆的形成阶段以及原始岩浆形成后所经历的演化过程，包括岩浆的分异（液态分异和固-液分异）、同化混染（固-液混合）和岩浆混合过程。这些过程对铁的富集均可能产生不同程度的影响。与岩浆过程有关的铁矿类型均与基性-超基性岩有关（与碱性岩有关的铁矿事实上也是产在碱性的基性-超基性岩中：如河北矾山铁磷矿）[106]，因此铁一定来自地幔或者更深的源区[107]。目前对于与铁磷矿床有关的碱性超基性岩的地幔源区研究较少，例如俄罗斯希宾铁磷矿床显示出富钠的特征，可能与志留纪地幔柱作用有关[108]，而我国河北矾山铁磷矿床则显示出富钾的特征，很可能和造山带超钾质岩浆的深成侵入活动有关[109]，因此其地幔源区是否存在特殊性以及岩浆演化特征尚不清楚，所以本书只涉及含钒钛磁铁矿的基性-超基性岩的地幔源区的特点以及拉斑玄武质岩浆演化对铁矿成矿的制约。

我国西南的攀西地区是全球最大的钒钛磁铁矿矿集区[110]。目前的研究普遍认为这些世界规模的钒钛磁铁矿的形成与晚二叠峨眉山地幔柱作用有关[111]。但是和峨眉山大火成岩省同时代的西伯利亚大火成岩省[112-113]和印度 Panjal 大火成岩省[114]并不出现如此规模的钒钛磁铁矿床。因此，一个重要的科学问题随之而来，为什么这么多的大规模钒钛磁铁矿床以矿集区的形式产出在攀西地区？

过去的研究表明[52,111]，以攀枝花岩体为代表的含钒钛磁铁矿的岩体的母岩浆为富铁钛的玄武质岩浆，而且这种富铁钛的玄武质母岩浆是原始的富铁钛苦橄质岩浆在深部岩浆房发生分离结晶的结果。Zhang 等[111]认为要形成原始的富铁钛苦橄质岩浆需要源区存在特殊的岩石圈地幔，即富铁钛的特殊岩石圈地幔。但是，由于缺少地幔包体和其他证据，这种富铁钛的特殊岩石圈地幔是否存在以及如何形成的仍然是个谜。因此，对于钒钛磁铁矿矿集区地幔源区性质的了解将无疑会为解答这个问题，即全球最大的钒钛磁铁矿矿集区的形成机制，提供重要的启示意义。

虽然原始的富铁钛的苦橄质岩浆相对普通的地幔岩浆富集铁和钛，但其简单的结晶堆积尚不能形成铁矿。要形成铁矿，需要通过一系列的岩浆演化过程使得其中的铁质富集。关于基性-超基性岩中铁的富集问题，基本上有两种观点，一是认为是铁钛氧化物的分离结晶作用形成的[59,115-116]；二是通过富铁和富硅两相平衡熔体液态不混溶作用形成的[59,117]。分离结晶作用的观点又可以分为两种，一是由于氧逸度较低，抑制铁钛氧化物在早期发生结晶，使得一些硅酸盐特别是贫铁矿物首先发生结晶(如橄长岩：橄榄石＋斜长石)[48]，导致残留的岩浆富铁，产生的矿体赋存于层状岩体的上部，如南非 Bushveld 岩体[48,118]、美国 Stillwater 岩体[119]、Muskox 岩体[120]和东格陵兰的 Skaergaard[12,28]等。然而，一些实验研究表明，在贫碱的条件下，通过这种过程产生的富铁岩浆形成的矿石品位一般较低，其全 FeO 含量不超过 22%，因为在岩浆演化晚期会有很多硅酸盐矿物和铁钛氧化物同时达到饱和而结晶，导致不出现高品位矿石[121]。很显然，用这种机制无法解释攀枝花岩体富集在底部的层状块状矿石(厚达60 m)，也无法解释元古宙中产于斜长岩体中的脉状块状矿石。因此，一些学者认为攀枝花岩体底部厚层块状矿石是由于高的氧逸度导致铁钛氧化物在早期发生分离结晶作用下沉的结果，这一认识得到岩相学的支持，即铁钛氧化物被橄榄石包裹，说明前者比最早结晶的硅酸盐还要早[96,122]，而高的氧逸度可能是由于岩浆同化围岩大理岩的结果[59]。然而，这种机制无法解释攀枝花岩体块状矿石和辉长岩呈截然接触，而非过渡关系，因为虽然铁钛氧化物早于橄榄石结晶，但并不是铁钛氧化物结束后橄榄石才开始结晶，亦即随着温度降低铁钛氧化物继续结晶，橄榄石、辉石和斜长石等硅酸盐也开始结晶，换而言之，很难想象出在拉斑玄武质岩浆演化过程中会出现一个阶段只有磁铁矿一种液相线矿物，所以单纯的分离结晶作用不太可能形成块状的磁铁矿石，也不可能导致块状矿石和辉长岩围岩有明显的界线。鉴于此，Zhou 等[52,117]提出块状矿石是矿浆熔离的结果。然而，需要指出的是，正如 Lindsley[123]指出的那样，铁矿浆符合野外地质观察，但得不到实验的支持，因为迄今为止在高温条件下基性岩浆产生不了不混溶的铁钛氧化物矿浆。这一点可以用吉布斯自由能来解释：$\Delta G=\Delta H-T\Delta S$，该公式表明在高温条件下，$\Delta G$ 为负值，系统是稳定的，不可能发生不混溶作用，只有在低温条件下，ΔG 才能为正值，使得系统不稳定发生不混溶作用，而且攀枝花铁矿石贫磷的特征也不符合液态不混溶的模式，因为富铁相应富磷[124]。Jakobsen 等[125]在 Skaergaard 岩体上部的磷灰石中发现了富铁和富硅两类熔融包裹体，认为这是侵入岩中能发生不混溶作用的重要证据，两类熔融包裹体的 FeO_t 和 SiO_2 含量分别为(30.9±4.2)wt%、(40.7±3.6)wt%和(8.6±5.9)wt%、(65.6±7.3)wt%。后来，Veksler 等[126]通过实验在 1 110～1 120 ℃条件下也成功地获得了富铁和富硅不混溶岩浆，其 FeO_t 和 SiO_2 含量分别为 21 wt%、46 wt%和 7.4 wt%、64.5 wt%。但是无论是熔融包裹体还是实验结果均遭到 Philpotts[127]、McBirney[128]和 Morse[129]三位领域内知名学者的质疑，并且坚信在超过 1 100 ℃时不可能发生不混溶作用，他认为 Veksler 等[126]所获得的不混溶液相是代表了基性岩浆和酸性岩浆的过渡相，其成分变化范围很大，所以它们代表了准稳态下的相分离。然而，无论是熔融包裹体还是实验结果，其获得富铁液相的 FeO_t 含量均不高，无法解释基性-超基性岩体的块状矿石(FeO_t>60%)。类似地，王坤等[130]在攀枝花中部岩相带上部的磷灰石中也发现了类似的富 Si 和富 Fe 两相熔融包裹体，指示液态不混溶作用在攀枝花岩体的形成过程中的确发生。但是，主要的矿体产出在岩体底部而不是中部和上部。因此，液态不混溶作用在攀枝花岩体形成的过程中是否发生以及在成矿过程中所起到的作用仍需要进一步研究。

一些相关的实验研究表明，P 能够降低 Fe-Ti-P 熔体的熔点，引起液态不混溶作用形成硅酸盐相和富铁磷相[131-132]，这一点也可以从熔体结构的角度来得到佐证。P^{+5} 在硅酸盐熔体中为四面体配位，但对高聚合程度熔体和低聚合程度熔体的影响是不同的，在低聚合程度的熔浆—矿物平衡系统中加入 P_2O_5，使具有不同聚合程度的矿物首晶区之间的界限向系统的贫 SiO_2 部分迁移；而在聚合程度很高的熔浆-矿物平衡系统中加入 P_2O_5，使聚合程度最低的矿物的首晶区扩大，所以加入 P_2O_5 会使酸性熔体与基性熔体之间的不混溶区扩大，这样在晚期岩浆阶段 P 的富集会导致液态不混溶。虽然理论上和实验都可以证明在温度相对低的条件下，富磷的岩浆可以产生液态不混溶作用，但是 Tollari 等[132]的不混溶实验是岩浆中含有 10%的 P_2O_5 条件下进行的，这显然与实际不吻合，因此不混溶的观点并没有被普遍接受。Tollari 随后又进行了一系列的实验[133]，最终修订了自己之前的认识并提出即使在一些有钛铁磷灰岩产出的侵入体中(比如 Sept-Îles，Bushveld 和 Lac-St-Jean 斜长岩杂岩体)，在磷灰石达到饱和前，液相线的下降并未“穿过”液态不混溶的结构(NBO/T-温度)和化学成分区间（$SiO_2/4$-CaO-Al_2O_3、$Na_2O+K_2O+P_2O_5+TiO_2$-CaO-Al_2O_3）[134-135]，因此不支持液态不混溶作用的发生。在攀枝花矿区，厚层块状矿石赋存在岩体的下部，矿石中并不存在磷灰石的富集，早期的岩浆温度均在 1 100 ℃以上，而且矿石也不富集稀土，所以很难用不混溶作用来解释[124]，当然也无法用简单的分离结晶作用来解释。

最近，Howarth 等[136]用来自深部岩浆房富含磁铁矿晶体（crystal-slurry）的矿浆侵入来解释攀枝花层状岩体底部主矿体和围岩之间截然和不规则的接触关系。类似的模式在 Bushveld 岩体铬铁矿成因的研究中也曾经被研究者推崇过[137-139]。这个理论的基础是质量不平衡，即现有的岩浆的量不够结晶出现有的矿石量。然而，这个模式看似很有道理，其实它并不是一种解释而是一种将问题随意"推卸"给深部过程的回避。因此，层状岩体领域内权威之一 Cawthorn[140]对矿浆侵入模式提出了质疑：第一，针对铬铁矿（对于攀枝花是钒钛磁铁矿），首先，除铬以外，没有其他元素发现不平衡现象；其次，铬铁矿开始结晶时还有大量岩浆残余（～80％）[141]，而且随后还伴随多次岩浆补充[142]，此时从深部另一个岩浆房中寻找铬的来源并不解决岩体形成的问题。这和攀枝花是很类似的[115]，尤其是对于攀枝花一个顶部有剥蚀的岩体，对任何一种元素进行质量平衡计算都是不可能的。就算我们的确需要深部岩浆房的补充矿浆，那么又如何解释深部矿浆的形成？以攀枝花岩体为例，母岩浆在进入岩浆房之前的确很可能发生过演化，较低的铬含量和较高的 Cu/Ni 比值明确说明有过铬铁矿和橄榄石的分离结晶[52,115]，那么为何来自深部的这些矿浆只携带磁铁矿而不携带其他矿物呢？第二，此模式更大的问题在于难以解释相似厚度的矿体呈层状展布十几公里或几十公里，因为富含晶体的基性岩浆是一种非牛顿流体，其黏度和密度都比液相线温度以上的基性岩浆要高很多[143]，这种矿浆进入岩浆房也会在入口附近迅速堆积，矿体厚度随与入口距离增大而迅速减小。如果岩浆房中被侵入的部分是正在结晶的晶粥时，这种效应会更明显。第三，无论矿浆侵入到固结岩石，岩浆还是晶粥中，都很难解释它们为何总是以层状精确地侵入到两种成分截然的岩相之间。最后，任何推崇这个模式的研究者必须考虑要提出所谓的来自深部的"矿浆"和原位结晶的矿层之间的区别标准[140]。综上所述，矿浆侵入模式目前很难得到多数研究者的认可，矿物的结晶主要还是在原位发生的，即岩浆房底部、顶部和侧壁的晶粥层内[142,144]，在这些晶粥层（亦称固化前锋）内，即使磁铁矿在上部结晶，由于下部晶体含量更高，也很难在重力作用下向下迁移。

1.2.3 幔源岩浆的滞留过程

通过详细的岩石学和地球化学研究表明,绝大多数的大陆火成岩省都经历过下地壳滞留、岩浆分异和地壳混染过程[145-148]。或者在上地壳,经历进一步滞留、分异和排气作用[146]。这些过程会导致镁铁质岩浆演化形成斜长石斑晶玄武岩或者玄武岩安山岩。在峨眉山大火成岩省各个二叠纪剖面几乎都有斜长石斑晶玄武岩出露(比如宾川、二滩、大桥等),表明岩浆滞留过程同样发生在峨眉山大火成岩省中。这些玄武岩往往表现出低的特征,这些低玄武岩对于明确整个大火成岩省岩浆在地壳的运移、滞留过程有重要的意义。然而,如果仅仅使用传统的地球化学方法,难以明确如岩浆滞留喷发的物理过程特别是成核速率、滞留时间等重要参数。晶体粒度分析理论可以用于明确这些物理过程[149-153],同时也提供了计算岩浆滞留时间的方法[149,154-156]。一些火成岩物理过程如结构粗化[151,157-158],岩溶作用下的重结晶,也有一些物理参数如岩浆上升速度[159],岩浆冷却速率[160],和岩浆房容量[154]都已经使用定量化结构分析得到解决。近年来,对岩浆物理系统的物理过程和化学过程的研究,使得学者们开始尝试将定量化结构分析与同位素微区分析[161]、斜长石主量、微量,Sr 同位素[162],全岩地球化学[163]等方法结合使用。为了理解岩浆系统的物理和化学过程,特别是约束滞留过程的物理参数,需要将定量化结构分析结合地球化学研究应用到峨眉山大火成岩省的岩浆过程研究中。

1.2.4 峨眉山玄武岩的成因

Cox 等[164]将南非 Karoo 大火成岩省划分为南北两带,其中北部大火成岩省表现出高 K,Ti,P,Ba,Sr 和 Zr 等特征,而南部大火成岩省则表现为正常拉斑玄武岩。从岩石学角度,可以理解为不同的结晶顺序造成的。南部大火成岩省表现出高 Al 特征,是斜长石在辉石之前结晶的结果。相反,北部则是辉石先结晶造成的。这样的一种统计学上分类方法,之后被直接简化为高 Ti 和低 Ti 特征之分,而进一步被运用到了其他大火成岩省[165-167]。高 Ti 玄武岩和低 Ti 玄武岩主要区别表现在主量元素、不相容元素和同位素特征。对于成因,普遍认为高 Ti 玄武岩是地幔部分熔融的产物,而低 Ti 玄武岩则是地壳混染的结果。Xu 等[64]基于宾川地区和二滩地区的玄武岩和苦橄岩样品将峨眉山地区的玄武岩划分为高 Ti 玄武岩($TiO_2 > 2.5$ wt%,Ti/Y>500)和低 Ti 玄武岩($TiO_2 <$ 2.5 wt%,Ti/Y<500),并且认为低钛玄武岩可能形成于温度最高、岩石圈最薄

的地幔柱轴部，是地幔柱在浅部（<60 km）高程度部分熔融（16%）形成的，高钛玄武岩是地幔柱在相对深部（>80 km）石榴子石稳定区低部分熔融形成（<5%），代表了热柱边部或消亡期地幔低部分熔融程度（1.5%）的产物。Xu 等[168]论证峨眉山大火成岩省高 Ti 玄武岩出露在剖面的上部，而低 Ti 玄武岩出露在下部。Xiao 等[63]对宾川剖面进行了系统取样，将低玄武岩又细分为低玄武岩 1 类和低玄武岩 2 类，并且建议演化时间上存在着从低 Ti 玄武岩 1 类到低玄武岩 2 类再到高 Ti 玄武岩的顺序。这些特征并不能简单通过地壳混染解释，更可能是反映了两种不同源区：低 Ti 玄武岩可能来自大陆岩石圈地幔，低 Ti 玄武岩 1 类和低 Ti 玄武岩 2 类反映了一个岩石圈地幔到下地幔的演化。而高 Ti 玄武岩可能是来自受到地幔柱作用的下地幔源区。然而，比如在丽江地区、大理地区等地出露的苦橄岩和玄武岩既不满足高 Ti 玄武岩分类，同样不满足低 Ti 玄武岩分类[169-170]。比如，它们在成分上显示出 TiO2 含量在（1～2）wt%左右，而 Ti/Y 比都超过 500，而在微量元素特征上更接近高 Ti 玄武岩。基于这样的研究工作，Hou 等[95]通过统计各个地区的玄武岩发现，峨眉山大火成岩省无论在时间演化上，还是空间出露位置上都不能简单地分为高 Ti 玄武岩和低 Ti 玄武岩，并且指出 Fe-Ti 氧化物的分离结晶作用是控制 Ti 含量和 Ti/Y 比值的关键因素。然而，Kamenetsky 等[171]在讨论宾川地区低 Ti 苦橄岩、玄武岩和永胜地区的高 Ti 苦橄岩、玄武岩发现，高低 Ti 样品中的橄榄石成分在 NiO 和 MnO 含量上具有明显区别。这些是无法用后期 Fe-Ti 氧化物分离结晶作用解释的。基于此，他们认为源区存在不均一型，大理丽江中玄武岩是后期不同批次岩浆混合形成。需要指出的，所有这些工作都是建立在全岩地球化学基础上。我们知道全岩成分是样品的平均值，它受到了从源区到地表复杂的岩浆过程，特别是在地壳的岩浆混合过程。因此，如果通过全岩成分去区分各个地区的玄武岩性质可能是因为这些过程而产生误差。Kamenetsky 等[171]选择对高 Mg 苦橄岩中橄榄石的包裹体进行了仔细的实验工作，能够帮助还原源区信息。因此，对于峨眉山大火成岩省斜长石巨晶玄武岩的研究，同样涉及高 Ti 或者低 Ti 玄武岩的归属问题。从成分上，斜长石巨晶玄武岩属于高 Ti 玄武岩，但是如何理解这类特殊的高 Ti 玄武岩的形成过程，可能需要在定量化结构分析的基础上，结合同位素，全岩成分等探讨。通过这些低 Mg 高 Ti 的玄武岩，也有助于理解高 Ti 或者低 Ti 玄武岩成因。

1.2.5　原始岩浆成分及温度

斜长石巨晶玄武岩属于低 Mg 的演化玄武岩，它们通常是被认为从峨眉山大火成岩省的苦橄岩通过分离结晶作用而形成。因此,在研究低 Mg 玄武岩的成因是会涉及原始岩浆的问题。这里对峨眉山大火成岩省的原始岩浆成分和温度的研究先进行一个总结。关于峨眉山大火成岩省成因研究,一个重要的工作就是原始岩浆成分和温度的约束。我们知道,通常原始岩浆在上升过程中会发生分离结晶,同化混染等作用,这个过程会导致岩浆 MgO 值的下降,并且增加还原原始岩浆成分的难度。因此,学者们在讨论原始岩浆成分时,都选用高 Mg 苦橄岩以避免后期复杂的岩浆过程增加的推算难度。前文介绍了,峨眉山地区出露苦橄岩的几个地区,包括宾川、大理、丽江等[169,171-172]。学者们对苦橄岩中的橄榄石进行分析发现,无论从岩相、成分、熔体包裹体的证据都表明橄榄石并非捕掳晶,而是从苦橄质岩浆结晶而来。基于这样的前提条件,可以通过橄榄石成分和苦橄岩成分的质量平衡关系去还原原始岩浆的成分[173-175]。Zhang 等[169]通过高 Fo 橄榄石(91.6 wt%)和高 Mg 苦橄岩成分推测原始岩浆的 MgO 含量是 22 wt%,同时初始熔体温度高达 1 630～1 690 ℃,进一步推测峨眉山大火成岩省是地幔柱成因。Hanski 等[170]同样对大理苦橄岩中的橄榄石测试发现,Fo 值可以高达 93.5 wt%,推算原始岩浆 MgO 含量为(23～25)wt%,初始岩浆温度为 1 700 ℃。Li 等[172]通过最大 Fo 值 92.5 计算原始岩浆 MgO 含量为 21 wt%,初始岩浆温度为 1 590 ℃。因此通过大致相同的方法,还原的原始岩浆 MgO 含量分布为(21～25)wt%,初始岩浆温度范围为 1 590～1 700 ℃。这也作为支持地幔柱成因的一个重要证据。然而,这些计算是否能够真实反映原始成分以及初始熔体温度呢?正如前文所述,这些苦橄岩可能是通过堆晶作用形成。通过橄榄石推算的岩浆成分可能并不能正确表明源区信息。Kamenetsky 等[171]通过对橄榄石中熔体包裹体的测试发现其反映的原始岩浆成分较为复杂,并不均一,无法推算出唯一的原始岩浆成分。

1.2.6 峨眉山大火成岩省中的成矿作用

在峨眉山大火成岩省几个大铁矿区的辉长岩体中都可见斜长石巨晶的存在,比如攀枝花辉长岩体。在本书的研究对象中,会涉及斜长石巨晶辉长岩。我们知道峨眉山大火成岩省中的辉长岩与成矿作用关系较为密切。峨眉山大火成岩省主要有两种类型一种小型超基性火山岩床形成了 Cu-Ni-PGE 硫化物矿床和大型的基性层状侵入岩则形成了巨大的 Fe-Ti-V 氧化物矿床。前者被认为是峨眉山大陆玄武岩的通道[176],而后者被认为是不相容的氧化物流体中的富钒钛化物在后期分离堆积形成的[52]。其中 Cu-Ni-PGE 硫化物矿床主要产于元谋和会理小关河超镁铁质杂岩群中。Cu-Ni-PGE 硫化物矿床的形成与玄武质岩浆的硫化物熔离作用有关根据矿化特征可分为 PGE 富集型、Cu-Ni-PGE 富集型和 Cu-Ni 富集型 3 种类型。PGE 富集型硫化物矿床中铜镍硫化物含量低如金宝山铂钯矿、朱布、阿布郎当等。Cu-Ni-PGE 硫化物矿床有杨柳坪、正子岩窝和清矿山 Cu-Ni-PGE 矿床等。Cu-Ni 富集型硫化物矿床有力马河镍矿和白马寨镍矿等。

Fe-Ti-V 氧化物矿床主要分布于攀西地区的层状镁铁质超镁铁质杂岩带，岩体规模较大，侵入与新元古代或者古生代地层中。其中，攀枝花、白马、红格和太和 4 个矿区规模最大[52]。峨眉山地幔柱岩浆矿床锆石 U-Pb 年龄测定表明，朱布成矿岩体年龄为(261±2)Ma[71]，力马河岩体为(263±3)Ma[71]，白马寨岩体为(258±3.5)Ma[177]，攀枝花、白马、红格和太和氧化物矿床成矿岩体年龄分别为(263±3)Ma、(262±2)Ma、(259.3±1.3)Ma 和(258±1.9)Ma[178]，其形成时代基本相同，与峨眉山玄武岩的形成年龄一致[179]。

其中，攀枝花的侵入岩被断层切割分为几个矿区，如朱家包包、蓝剑、倒马坎、公山等。高精度的锆石 U-Pb 测年结果显示攀枝花侵入体的成岩年龄为(263±3)Ma。一些模型已经被用于解释峨眉山大火成岩省的攀枝花铁矿成因：① 攀枝花矿体形成于富铁玄武质和苦橄质岩浆的分离结晶作用导致 Fe 和 Ti 富集，岩浆分离成富硅岩浆和富铁矿体[52]；② 在富水情况下 Fe-Ti 氧化物的早期结晶作用[96-97]；③ 不断升高的氧逸度与来自围岩的导致富集[59]。考虑到攀枝花的钛铁氧化物堆积效率需要非常高，后两个模型都建议钛铁氧化物在攀枝花侵入体的早期阶段结晶。然而，攀枝花侵入体的侵位时间和冷却时间，或者钛铁氧化物的堆积时间尺度都不清楚。这些岩浆作用可能发生在较短的时间尺度，并不能通过常规的同位素方法测得。

1.3　存在问题及研究依据

红格镁铁-超镁铁质侵入体位于峨眉山大火成岩省中部，赋存有攀西地区超大型钒钛磁铁矿矿床。该矿床中主要的具有经济意义的 Fe-Ti-V 氧化物矿层的产出不同于于国外的一些典型大型层状岩体，如 Von Gruenewaldt 等[180]认为 Bushveld 岩体磁铁矿层产出在岩体的上部层序，McBirney 等[181]认为 Skaergaard 钛铁氧化物也主要产出在中上部层位。除此之外，红格岩体与攀西地区其他含钒钛磁铁矿矿床(如攀枝花、白马及太和岩体，其矿层位于岩体下部)

也存在明显的差别。Tegner[182]认为钛铁氧化物的大量结晶分异通常出现在岩浆演化的晚期阶段，Jang 等[183]认为在 Skaergaard 中部层位产出的钛铁氧化物也被认为是岩浆演化晚期的晶间熔体结晶出来的。李德惠等[88]、Zhou 等[52]认为攀西层状岩体中钛铁氧化物富集在岩体层序的中下部、甚至在岩体底部。那么是什么原因造成这种差异？实验岩石学研究及热力学分析表明，氧逸度高低决定岩浆演化。基于对典型层状岩体 Skaergaard 岩体及 Bushveld 的岩体等的大量研究，McBirney 等[181]认为钛铁氧化物的大量结晶分异出现在岩浆演化的晚期阶段，但 Osborn[184]、Presnall[10]认为在高氧逸度下会扩大玄武质岩浆体系中磁铁矿的稳定范围，提早磁铁矿从岩浆中晶出的时间。攀西层状岩体是否确为岩浆高氧逸度导致磁铁矿在岩浆演化早期结晶成矿？攀西层状岩体岩浆氧逸度受什么原因控制？这些是当前在攀西层状岩体成矿机理研究上比较突出的问题，目前对这些问题的界定还非常不确定。此外，对比世界其他著名层状岩体（如 Bushveld 杂岩体、Stillwater 岩体、Great Dyke 岩体以及 Duluth 杂岩体）可以发现，攀西地区的层状岩体赋存有品位丰富及规模巨大的 Fe-Ti 氧化物矿床，然而攀西地区钒钛磁铁矿矿床确切的成矿机制（结晶分异或是岩浆不混溶）及岩浆演化过程尚存在较大争议。随着研究的深入和分析技术的发展，铂族元素已逐渐成为研究镁铁-超镁铁层状岩体岩浆演化和成矿过程的重要工具。尽管前人 Zhong 等[92]、Bai 等[185]对峨眉山大火成岩省的铂族元素地球化学开展了大量的研究，得到了大量关于源区特征、部分熔融程度及岩浆演化的新认识，但是我们对于攀西地区镁铁-超镁铁质层状岩体中铂族元素特征与玄武质岩浆演化的关系的认识仍存在不足。

因此，本书在国家重点基础研究发展计划“我国富铁矿形成机制与预测研究”课题 4（岩浆型大型铁矿成矿过程和控矿因素）（项目批准号：2012CB416804）、国家自然科学基金重点项目“攀西层状岩体成矿氧逸度研究”（项目批准号：41473051）的支持下，以“红格镁铁-超镁铁层状侵入体岩浆演化和矿床成因研究”为选题，以红格层状岩体野外地质考察为前提，结合前人的研究资料，运用岩石学、矿物学和地球化学等方法手段，并结合 MELTS 热力学模拟软件，探讨红格层状岩体的母岩浆特征和岩浆从幔源到浅部岩浆房的分异过程，开展原生钛铁氧化物原始组成的恢复研究以还原成矿期氧逸度和温度，探讨红格岩体是否确为岩浆高氧逸度导致磁铁矿在岩浆演化早期结晶成矿，并建立其成矿模式，丰富了攀西地区钒钛磁铁矿矿床的成矿理论，为进一步找矿提供了理论参考。

1.4 研究内容、研究方法及完成工作量

1.4.1 研究内容

本书通过岩石学、矿物学、岩石地球化学方法，结合野外观察与实验室分析对攀西地区红格岩体及其中下部厚层 Fe-Ti-V 矿床进行详细研究。同时，结合国内外相关研究成果及 MELTS 热力学模拟软件对岩体母岩浆特征、陆壳混染情况、岩浆演化及硫化物熔离过程进行细致的探讨，并提出红格层状岩体成因及其中下部厚层大型 Fe-Ti-V 矿床的成矿模式。

1.4.2 研究方法

（1）造岩矿物和矿石矿物电子探针分析

主要造岩矿物的成分分析在中国科学院地球化学研究所（简称“中科院地化所”）矿床地球化学国家重点实验室完成，分析仪器为日本岛津公司生产的 EMPA-1600 电子探针，分析条件为：加速电压 15 kV，电流 20 nA，分析束斑直径 10 μm。分析时所用标样为：美国生产的标样 SPI＃2753-AB，分析的精度为 0.01 wt%，主要氧化物百分含量的分析误差＜2%。磁铁矿的 V_2O_3 含量根据能谱稳定 100 s 后收集的信号测定。

（2）主量元素分析

全岩及单矿物主量元素分析同样是在中国科学院地球化学研究所矿床地球化学国家重点实验室完成的。通过 X 荧光光谱仪（XRF）射线光谱仪对四硼酸锂玻璃熔片进行分析，分析精度优于 5%。样品处理流程为：称取 200 目烘干样品 0.7 g 及 7 g 四硼酸锂助熔剂，混合均匀后倒入铂金坩埚并加入适量脱模剂溴化锂和氧化剂硝酸锂，置于 1 200 ℃下熔融。待熔融完成后取出倒入铂金磨具中冷却成玻璃片用于上机测试。烧失量计算方式为：称取 1 g 样品及空烧杯质量 M_1，置于马弗炉中在 900 ℃高温灼烧 1 h，完成后取出放入干燥器。待冷却后称取质量 M_2。通过公式 $LOI=(M_1+1-M_2)\times 100\%$ 计算出烧失量。

（3）微量元素分析

全岩及单矿物微量元素包括稀土元素的测试分析在中国科学院地球化学研究所矿床地球化学国家重点实验室完成，测试仪器为 Perkin-Elmer Sciex

ELAN DRC-e 电感耦合等离子体质谱仪(ICP-MS),分析精度优于 10%。称取 50 mg 粉末样品放入带不锈钢外套的密封样装置中,加入 1 mL 亚沸蒸馏提纯 HF,在电热板上蒸干以去掉大部分的 SiO_2,再加入 1 mL 亚沸蒸馏提纯 HF 和 0.5 mL 沸蒸馏提纯 HNO_3,加盖密封后放入烘箱中,200 ℃下加热分解 48 h。取出冷却后在电热板上 150 ℃蒸干取出 HF,然后再加入 1 mL 沸蒸馏提纯 HNO_3,再次蒸干,重复一次全部除去 HF。最后加入 2 mL HNO_3、5 mL 去离子水和 500 ng Rh 内标溶液,重新加盖后密封放入烘箱中,140 ℃溶解残渣 8 h,再取出冷却后吸取其中 400 μL 的溶液转移到 10 mL 的离心管中,加入去离子水定容,盖好摇匀,最后上机测试。具体方法见文献[186]。

(4) Sr-Nd 同位素分析

Sr、Nd 同位素分析在中国科学院地球化学研究所矿床地球化学国家重点实验室测定,分析仪器为 Thermo Fisher 公司的 TRITON 热离子质谱仪(TIMS)。分析方法如下:称取 0.15 g 粉末样品,置于聚四氟乙烯封闭容器中,分别加入纯化 $HClO_4$、HNO_3、HF 和适量的混合稀释剂,在电热板上加热熔融一周左右,然后分别利用 Rb-Sr-阳离子交换树脂和 Sm-Nd-P507 树脂交换柱分离纯化 Sr 和 Nd。Sr、Nd 同位素的质量分馏分别基于 86Sr/87Sr=0.119 4 和 146Nd/144Nd = 0.721 9 进行校正。国际标样 NBS-98786Sr/88Sr 的测试值为 0.710 255±7(n=40),与文献报道值(0.710252±13)在误差范围内一致。国际标样 JNdi-1 146Nd/144Nd 测试值为 0.512096±5 (n=40),略低于文献报道值(0.512 115±7)。Rb/Sr 和 Sm/Nd比值的误差范围分别为±2%和±0.5%。

(5) 铂族元素(PGE)分析

全岩铂族元素(PGE)分析在中国科学院地球化学研究所矿床地球化学国家重点实验室铂族元素实验室完成,测试仪器为 Perkin-Elmer Sciex ELAN DRC-e 电感耦合等离子体质谱仪(ICP-MS),分析精度优于 10%。样品前处理过程如下:称取 5~6 g 粉末样品,加入适量纯水并摇晃特氟龙杯使样品分散不结块。逐管加入 7~8 管 1 mLHF,待反应不剧烈以后再加入下一管,加完后用电热板蒸干。加入适量稀释剂,随后加入 1 管 HF,再加入 $HNO_3$12 mL。放入密封钢套,入烘箱 185 ℃加热 24 h。取出样品后蒸干,加入 2 管 HCl,再次蒸干后加入 3 管 HCl,加水摇匀后继续加热,转移到 50 mL 试管中定容到 40 mL,放入离心机内 2 800 r/min 离心 3 min。将上清液倒回特氟龙杯,加热后加入 1 mLTe 共沉淀剂。加入 $SnCl_2$,一边加入一边摇晃特氟龙杯,全部变黑后继续加入 3 mL$SnCl_2$。加入纯水约半杯,加盖加热 40 min。继续加入 1 mLTe,略微加热,抽滤得到黑色沉淀(PGE粗提取)。将滤膜取下放入特氟龙杯中加5滴HCl和1管HNO_3,略微加热使滤膜上PGE颗粒溶解。取出滤纸,冲洗干净后蒸干。随后趁热加入4滴HNO_3和8滴HCl。将滤液转移至15 mL试管中定容至10 mL,离心2 min。上清液上柱,用特氟龙杯收集溶液。在电热板上加热至只剩1滴,转移至15 mL试管中,定容到3 mL,等待最后上机测试。具体分析流程见文献[187-188]。分析时采用空白和PGE国际标样以及5%数量的重复样监测分析结果。

1.4.3 完成工作量

本书主要完成工作量见表1-2。

表1-2 本书主要完成工作量一览表

工作内容	单位	数量	完成单位
野外地质考察	天	30	中科院地化所
样品采集	件	90	中科院地化所
样品粉碎	件	90	中科院地化所
光薄片磨制	片	90	廊坊诚信地质服务公司
岩矿鉴定	月	2	中科院地化所
野外及显微镜照相	幅	132	中科院地化所
全岩主量元素分析	件	58	中科院地化所
全岩微量元素分析	件	58	中科院地化所
电子探针分析	点	>200	中科院地化所
铂族元素分析	件	21	中科院地化所
Sr-Nd同位素分析	件	15	中科院地化所

第2章 区域地质背景

侯增谦等[70]认为峨眉山大火成岩省是指在二叠纪时期大规模喷发的以峨眉山玄武岩为主体的广泛分布于川滇黔三省的巨量火成岩套。其西北以龙门山小箐河断裂为界，南部延伸至越南北部的Song Da地区，西部以哀牢山—红河断裂为界，东部延伸至贵州都匀—瓮安一带，出露面积超过50万km^2。Chung等[68]、Xu等[189]、Song等[62]、Xiao等[63]、Hanksi等[190]学者认为其岩性组成主要包括峨眉山玄武岩、镁铁-超镁铁侵入岩及碱性岩。其中，出露面积最大的峨眉山玄武岩假整合覆于茅口组之上，广大地区伏于宣威组或龙潭组之下。在攀西地区，峨眉山玄武岩为上三叠统白果湾组或丙南组假整合覆盖。张云湘等[66]、从柏林等[67]曾对峨眉大火成岩省进行过系统而细致的研究，认为其是裂谷作用的产物。最近几年的研究，以Chung等[68]、Xu等[64]、宋谢炎等[191]、Zhou等[72]、He等[179,192]、Xiao等[63]、Song等[83]为代表的学者则认为ELIP是中-晚二叠世(～260 Ma)峨眉山地幔柱作用快速喷发(1～2 Ma)的产物。攀枝花-西昌地区(简称“攀西地区”)位于峨眉大火成岩省内带，在地质上习称“康滇地轴”的中段，是我国著名的岩浆岩发育地区之一。张云湘等[193]认为区域内地质构造复杂，断裂相当发育，数条南北向深大断裂纵贯全区，它们的活动历史可以追溯到800 Ma左右。沿南北向的磨盘山—元谋断裂和攀枝花断裂带出露一系列具有巨大经济价值的含Fe-Ti-V矿的镁铁-超镁铁质层状侵入体，从北向南依次为太和岩体、白马岩体、新街岩体、红格岩体和攀枝花岩体。这些岩体也构成了世界上最大的钒钛磁铁矿矿集区，蕴含着33亿吨Fe，占我国总储量的16%，Ti和V分别占世界储量的11.6%和35%。

本章主要根据区域地质调查报告[194-195]、西南地区区域地层表、攀枝花-西昌地区钒钛磁铁矿共生矿成矿规律与预测研究报告[196-197]、四川省区域地质志[198]及攀西地区金属成矿系统[199]，结合前人最新的研究成果，归纳并概述了攀西地区的区域地层、区域构造及其岩浆活动及其相关矿产。

2.1　我国的总体构造格局

欧亚大陆是一个构造相对复杂的地区，它由许多新元古代以大陆板块拼接而成。作为东欧亚大陆的一部分，我国主要由塔里木板块、华北板块、华南板块和青藏高原板块等几个主要地质体组成。其中，塔里木板块和华北板块从西伯利亚和蒙古向北被古生代的中亚造山带所分隔开来。塔里木板块沿祁连山造山带向南与青藏高原接壤。华北板块与华南板块被古生代-中生代的秦岭-大别造山带所分隔，并且该造山带是这两个板块碰撞的结果。到目前为止，该碰撞发生的时间是颇具争议的：Zhang 等[200]认为碰撞发生在中生代，而 Hacker 等[201]认为是在晚三叠纪时期。华南板块分别由西北向的扬子板块和南东向的华夏板块所组成，并且是在 820 Ma 到 780 Ma 之间连接在一起的[202]。扬子板块与青藏高原被东西方向的松潘-甘孜板块分隔开，地体内充填了一层厚度＞10 km 的三叠系复理石层序。青藏高原是一个复杂的地质体，早古生代以来，就有多个微大陆、覆盖层和岛弧在欧亚大陆南缘被增生[203]。印度与欧亚大陆之间的主要碰撞事件始于白垩纪晚期，在始新世-渐新世时期结束，并导致了印度中国半岛沿哀牢山-红河剪切带向南海的挤压[204-206]。

2.2　扬子板块的构造演化历史

华南板块西北部的扬子板块存在太古宙至中元古代的结晶基底，该基底主要由绿片岩相变质沉积岩组成[198]。此外，在扬子地块周围还发现了一套新元古代组合，表明该区域存在俯冲相关的岩浆活动。该组合包括沿其西部和北部边缘分布的花岗岩和变质杂岩（760～865 Ma），以及镁铁质-超镁铁质侵入岩（780～820 Ma）[207-208]。在扬子板块东南缘还发现了新元古代蛇绿岩（～1.0 Ga）和花岗闪长岩（～900 Ma）[209]。这表明，扬子地块是一个孤立的大陆，其东西两侧（以目前的构造格局来说）为新元古代俯冲带所包围。扬子地块西缘的太古代至中元古代基底岩和新元古代火成岩-变质杂岩被一层由碎屑岩、碳酸盐岩和火山岩组成的震旦系至二叠系厚层叠盖[198]。这些岩石表明该区域有浅海沉积作用的发生。该层序中最年轻的成员以早二叠世茅口组石灰岩为代表，并且该地层为峨眉山玄武岩喷发的地层。这表明，当峨眉山大火成岩省形成时，扬子地块的西缘是被动大陆边缘。

2.3 峨眉山大火成岩省

2.3.1 分布区域及其岩石学组成

峨眉山大火成岩省主要由出露在我国西南地区四川省、贵州省以及云南省等地的基性火山岩所组成。同时期的火山岩主要分布在羌塘地体、青藏高原、松潘-甘孜地体和青藏高原中南半岛(越南西北部)等地区[62,190,210-211]。峨眉山大火成岩省中喷出岩的暴露面积和体积分别为 2.5×10^5 km^2 和 ~3.0×10^5 km^3[212]。与典型的大陆或者海洋中的大火成岩省相比,这些数值都偏小[213-214]。然而,与基性火山岩序列相交的取自成都以东 300 公里处的岩芯样品的分析结果表明,该岩芯可能属于峨眉山大火成岩省的一部分[64],不排除峨眉山大火成岩省的岩浆作用有更广泛的影响范围。峨眉山大火成岩省中基性火山岩的厚度分布在数百米至 5 km 的范围之内[61,68,198]。如此大的厚度变化可能与基性岩浆喷发后的构造活动有关,并且这些构造活动导致中生代和新生代的强烈变形、抬升和侵蚀的发生[215]。

峨眉山大火成岩省的基性火山岩包括玄武岩、玄武质安山岩、粗面岩和玄武质火山碎屑岩,上述岩石类型都统称为峨眉山溢流玄武岩。基于其岩石学、地球化学和同位素方面的特征,可以人为地将峨眉山溢流玄武岩分为低钛和高钛两个系列[63-64,71]。相关结果表明,它们可能来源于不同熔融条件下的地幔源区。低钛玄武岩表现出强烈的岩石圈特征,可能是由于其继承了次大陆岩石圈地幔源特征。而高钛玄武岩显示出一种类似于洋岛玄武岩(ocean island basalts,OIB)的地球化学特征,其被认为是产生于部分熔融程度较低的深层幔源。在宾川、二滩等地区的镁铁质火山岩序列当中,发现了大量的苦橄岩[68,169]。正如世界上其他许多大陆大火成岩省那样,苦橄岩的存在表明它是在地幔(>1 600 ℃)的高潜能温度下形成,并支持了峨眉山大火成岩省的地幔柱起源[174,216]。

尽管在体积上与世界上其他大火成岩省相比微不足道,但峨眉山大火成岩省的侵入岩具有丰富的岩性多样性。它们主要沿峨眉山大火成岩省西部的一系列南北向深大断裂暴露。它们包括镁铁质-超镁铁质侵入体和长英质深成岩体。镁铁质-超镁铁质岩体由薄的超镁铁质岩床组成,岩床上存在镍铜铂族元素硫化物矿化作用,如力马河、白马寨、金宝山和杨柳坪岩体[217]以及具有钛铁氧化物矿化的大型层状侵入体,如攀枝花、红格、新街、白马及太和侵入体[92,218]。值得注意的是，镍铜铂族元素硫化物矿化侵入体分布广泛且分散，而钛铁氧化物矿化侵入体集中在峨眉山大火成岩省的攀枝花-西昌地区。长英质深成岩包括花岗岩、碱性花岗岩和正长岩，具有A型或Ⅰ型花岗岩的地球化学特征[219-220]。

2.3.2　年龄制约

由于前人早已开展过大量的地质年代学研究，峨眉山大火成岩省的形成年代已较为确定。早期有研究人员提出，在250 Ma左右，峨眉山玄武岩的喷发与俄罗斯西伯利亚大火成岩省的喷发是同时期的[68,210]。这显然是由许多峨眉山大火成岩省的侵入岩和喷出岩^{40}Ar-^{39}Ar地质年龄所支持的[221-222]。然而，峨眉山溢流玄武岩的生物地层年龄(～259 Ma)很难与生物地层学资料相吻合。近年来，不同研究小组对不同侵入体进行了大量的U-Pb锆石年代学研究，明确支持了(～260±2)Ma的中二叠纪末期年龄[52,73,86,219,223-224]。此外，Zhou等[72]得到新街岩体的SHRIMPU-Pb锆石年龄为(259±3)Ma，并认为该岩体记载了峨眉山大火成岩省主要岩浆作用。He等[179]采用相同的方法，报道了覆盖于峨眉山玄武岩之上的二叠纪宣威组地层的年龄[(257±4)Ma;(260±5)Ma]与新街岩体相似。以上数据表明如下三个事实：① 相对成熟的测年方法得到的～260 Ma年龄值应该更可靠，而～250 Ma年龄值可能有待商榷；② 峨眉山玄武岩伴生的侵入岩大致处于同时期；③ 玄武岩是在较短时间内喷发的。较年轻的年龄(～250 Ma)可能与年龄监测校准标准[225]或Ar-Ar系统岩浆期后复位有关。例如，最近对峨眉山玄武岩的^{40}Ar-^{39}Ar测年发现了一些次生年龄，表明喷发后存在覆盖[215]。

2.3.3　攀西地区的层状镁铁-超镁铁侵入体

攀西地区的层状镁铁质-超镁铁质侵入体主要包括攀枝花、红格、新街、白马及太和等(图2-1)。它们沿南北走向，北有太和侵入，南有攀枝花、红格侵入，中间有新街、白马侵入。如前所述，层状侵入体的暴露似乎受到深大断层控制，该地区深大断层也呈南北走向展布。层状侵入体、峨眉山溢流玄武岩与长英质碱性岩体之间存在着密切的联系。在层状岩体中，红格岩体和新街岩体中含有超镁铁质成分，而攀枝花、白马、太河岩体中则以镁铁质为主[226]。

攀西地区层状侵入体具有重要的铁钛钒氧化物成矿作用，是我国重要的铁钛钒资源区[218]。在这些侵入体中赋存的氧化矿石有两个共同的特征：① 纯度高;② 赋存于侵入体的下部。表 2-1 总结了含氧化物层状岩体的规模、岩性和估计储量。最近的研究证实了在红格和新街的侵入体中存在丰富的铂族元素矿层,但到目前为止还不具有经济意义[92,227]。攀枝花侵入体已开采氧化物矿石 30 多年,而红格、白马侵入体的开采是近年来才开始的。攀西地区的镁铁-超镁铁质侵入体分布图见图 2-1。

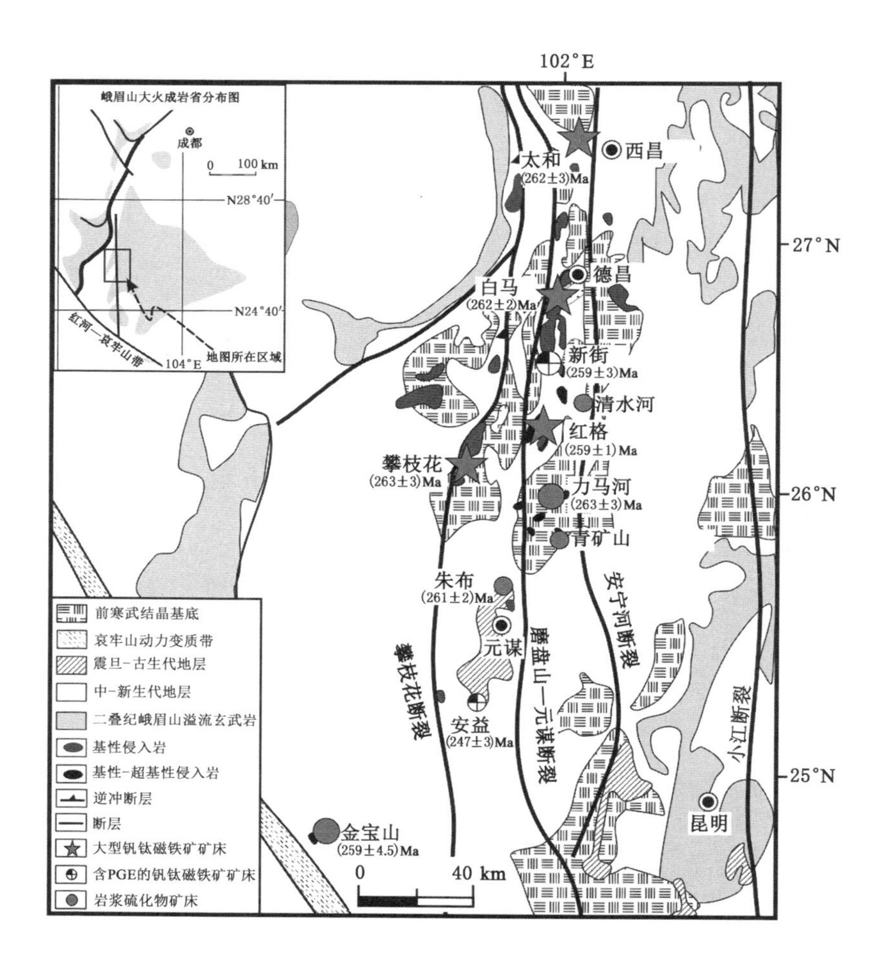

图 2-1 攀西地区镁铁-超镁铁质层状侵入体分布图(据 Song 等[83])

(图中各侵入体年龄分别引自 Zhou 等[52,71-72],Guo 等[73],Zhong 等[86],Tao 等[228]和 Yu 等[229])

表 2-1　攀西地区超大型钛铁氧化物矿床特征

岩体	主要岩石类型	出露面积/km^2	厚度/m	估算资源量/t	平均品位
攀枝花	辉长岩	38	712～2 570	2.05×10^9(Fe_T)	33.23%(Fe_T)
				2.37×10^8(TiO_2)	11.68%(TiO_2)
				6.01×10^6(V_2O_5)	0.3%(V_2O_5)
红格	辉石岩 橄榄辉石岩	60	>1 700	1.83×10^9(Fe_T)	27.04%(Fe_T)
				1.96×10^8(TiO_2)	10.57%(TiO_2)
				1.45×10^7(V_2O_5)	0.24%(V_2O_5)
白马	橄榄辉石岩 橄长岩	50	～3 989	1.15×10^9(Fe_T)	25.51%(Fe_T)
				4.48×10^7(TiO_2)	6.55%(TiO_2)
				2.85×10^6(V_2O_5)	0.21%(V_2O_5)
太和	辉长岩	13	1 213～1 913	1.78×10^9(Fe_T)	30.31%(Fe_T)
				2.00×10^8(TiO_2)	11.76%(TiO_2)
				5.18×10^6(V_2O_5)	0.27%(V_2O_5)

2.4　区域地层

攀西地区地层发育齐全，从最古老的古元古代深变质-中深变质岩系、中元古代的浅变质岩系直到未变质的古生代、中生代至新生代沉积地层都有广泛出露(表 2-2)。攀西地区在太古宙和元古宙主要是扬子地块基底形成期，岩浆和构造作用强烈。早古生代为稳定地台发展阶段，开始接受稳定的陆表海沉积，经加里东运动后，大部分抬升成陆并遭受剥蚀，导致本区大部地区缺失志留纪、泥盆纪和石炭纪沉积，仅在箐河断裂带西北部存在连续地层沉积。早二叠世开始，上扬子发生大规模海侵，到栖霞期包括攀西地区在内的上扬子都成为碳酸盐岩台地。早二叠世末期，峨眉山地幔柱快速抬升并形成弯状隆起和差异剥蚀，造成了上、下二叠统之间不整合。晚二叠世，Chung 等[68]、Xu 等[64]、He 等[192]认为上扬子西缘最大的地貌特征是川滇古陆的形成，其形成机制是地幔柱上升造成的地壳抬升和峨眉山玄武岩的堆积。晚三叠世-侏罗纪本区为前陆走滑复合盆地发展阶段，沉积了断陷型的红色类磨拉石-灰色含煤类磨拉石建造。

表 2-2　攀西地区出露地层简表

宇	界	系	统	群(组)	岩性摘要
显生宇PH	新生界Kz				缺失古近系及中新统。上新统主要为昔格达组浅黄灰、灰白色钙质砂岩与泥页岩互层夹薄层泥灰岩,局部夹硅藻土和泥炭
	中生界Mz	白垩系	上统	小坝组	紫红色钙质粉砂岩、页岩夹细砂岩
		侏罗系	上统	牛滚函组	紫红色细砂岩、粉砂质泥岩夹泥灰岩
			中统	新村组	紫红色中、细粒岩屑石英砂岩、长石石英砂岩、泥岩、页岩夹粉砂岩
			下统	益门组	暗紫红色泥(页)岩、粉砂质泥岩、粉砂岩夹少量细粒岩屑石英砂岩
		三叠系	上统	白果湾组	灰、灰黑色砂岩、泥页岩夹煤层,底部为砂岩
			下统	丙南组	紫红色砾岩、砂质泥岩、泥质粉砂岩,夹泥灰岩及粗砂岩、砾岩透镜体
	古生界Pz	二叠系	上统	玄武岩	块状、斑状、杏仁状峨眉山玄武岩
			中统	茅口组	浅灰色厚层块状灰岩
				栖霞组	灰岩、含泥质骨屑灰岩、泥晶灰岩夹碎屑岩
			下统	树河组	砾状灰岩、粗砂岩、泥岩、泥质粉砂岩
		石炭系	上统	马平组	灰岩、泥灰岩夹钙质泥岩
				威宁组	灰岩夹泥质灰岩、泥灰岩、泥岩及硅质岩,局部底部为砾岩
			下统	岩关组	灰岩夹硅质泥灰岩、泥质灰岩
		泥盆系	上统	一打得组	浅灰、紫红色灰岩夹鲕粒灰岩
			中统	华宁组	浅灰、深灰、紫红色块状灰岩、泥质灰岩、生物碎屑灰岩夹粉砂质泥岩
			下统	坡脚组	灰绿色粉砂质泥岩、粉砂岩夹石英砂岩
		志留系	中、上统	禅子田组	黑色厚层块状碳质灰岩、泥质灰岩、泥质瘤状灰岩,角砾状泥质灰岩
			下统	龙马溪组	黑色碳质硅质页岩夹灰岩结核
		奥陶系	中统	巧家组	泥质条带、豹皮泥质灰岩
			下统	红石崖组	紫红、灰绿色长石石英砂岩、细砂岩、粉砂岩、泥岩、页岩
		寒武系	上统	娄山关组	粉晶、微晶白云岩夹灰岩、细砂岩、粉砂岩
			中统	西王庙组	紫色、砖红色泥岩、钙质泥岩、粉砂岩、长石石英砂岩、岩屑砂岩
				陡坡寺组	下部钙质泥岩、砾屑灰岩,中部黄绿色页岩,上部泥质灰岩、微晶灰岩
			下统	龙王庙组	白云质灰岩,白云岩夹灰岩、砂岩、页岩
				沧浪铺组	钙质页岩、细砂岩、粉砂岩,上部有串珠状泥质砂岩
				筇竹寺组	细砂岩、粉砂岩、页岩夹海绿石砂岩,中部夹泥质砂岩,上部夹石英砂岩

表 2-2(续)

宇	界	系	统	群(组)	岩性摘要
元古宇PT	新元古界 Pt_3	震旦系	上统	灯影组	层纹状、致密状白云岩、含藻白云岩、细晶白云岩,含燧石条带
				观音崖组	紫红色粉砂岩、泥岩、泥灰岩夹砂泥岩、白云岩、白云质灰岩
			下统	列古六组	紫红、灰紫色岩屑砂岩、具绿色条带的粉砂岩、页岩,底部夹冰碛砾岩
				开建桥组	紫红色砂质凝灰岩,夹灰绿色凝灰岩、砂砾岩
				苏雄组	中性喷出岩为主,紫红、紫灰色安山玢岩、霏细岩、玻基安山玢岩等
	中元古界 Pt_2	褶皱基底		会理群	变质细碎屑岩及大理岩,夹少量透镜状变质火山岩或火山碎屑岩
	早元古界 Pt_1	结晶基底			结晶基底地层厚度大于 10 000 m,是一套受中、深变质且普遍混合岩化的地层。由三部分组成:变质表壳岩、变质侵入体、TTG 岩套
太古宇 AR					

2.4.1　前震旦系

攀西地区扬子地块的基底,可划分为结晶基底和褶皱基底两部分。结晶基底地层厚度普遍大于 10 000 m,是一套中、深度变质并且普遍混合岩化的地层。马玉孝等[230]、刘家铎等[231]认为该底层由三部分组成:变质表壳岩、变质侵入体以及 TTG 岩套。结晶基底地层断续分布于康定—攀枝花的安宁河两侧。由于中元古代受晋宁造山运动的影响,沿攀枝花—康定形成南北向挤压性褶皱带,在其东西两侧发育了构造性质不同的沉积盆地,构成了扬子地台的第二构造层。其直覆于结晶基底之上,不整合于震旦系之下,为一套浅度变质的火山-沉积岩地层。

2.4.2　震旦系(800～541 Ma)

区域内震旦系地层发育较为完整,表现为稳定的地台建造。自下而上可划分为:下统火山岩及火山碎屑岩建造,上统碳酸盐岩建造。包含地层有下震旦统苏雄组、开建桥组、列古六组,上震旦统观音崖组、灯影组。下震旦统苏雄组为一套陆相基-酸性火山岩-火山凝灰岩,厚度为 3 100 m,火山岩同位素年龄为(800±30)Ma。开建桥组与下伏苏雄组假整合接触,或超覆不整合于晋宁期花岗岩体及前震旦系之上,岩性以紫红色砂质凝灰岩为主,夹灰绿色凝灰岩及砂砾岩。列古六组下部为紫红色砾岩、凝灰岩、砂岩或砂质凝灰岩,砾石为火山岩;上部为砂页岩。上震旦统观音崖组厚 545 m,为一套紫红色砂、页岩夹灰岩、白云岩,变现为稳定型地台相建造夹少量碳酸盐台地相。本组假整合于列古六组之上。灯影组是以白云岩为主的浅海碳酸盐台地相，与下伏观音崖组整合接触，或超覆于前震旦系之上。震旦系与上覆寒武系为渐变过渡接触关系。

2.4.3 寒武系(541～486 Ma)

区域内寒武系为地台型建造的未变质地层，包括下统筇竹寺组、沧浪铺组、龙王庙组。中统陡坡寺组、西王庙组及上统娄山关组。筇竹寺组厚 150～300 m，下部为暗色细碎屑岩夹白云质灰岩，中部为紫红色泥质砂岩及页岩，上部为紫红色石英砂岩、碎屑岩。沧浪铺组主要是灰黄色或灰绿色页岩，其上部为页岩及条带状泥灰岩互层。龙王庙组厚 72 m，为一套海相碎屑岩、碳酸盐岩地层，厚度稳定在 50～60 m 之间，与下伏龙王庙组整合接触。西王庙组为紫色泥砂岩夹大量砖红色粉砂岩、页岩，偶夹白云岩、白云质灰岩。娄山关组岩性以灰色中厚层块状白云岩、白云质灰岩为主，局部夹少量石英砂岩、泥质岩及薄层灰岩。与下伏西王庙组及上覆红石崖组均为整合接触关系。

2.4.4 奥陶系(486～443 Ma)

奥陶纪时期攀西地区大部分处于古陆剥蚀区，仅在西北部箐河断裂带北西才沉积有奥陶系中、下统。下统红石崖组为紫红色碎屑岩、泥质岩类，中统巧家组为碳酸盐类，表现为滨、浅海沉积。

2.4.5 志留系(443～420 Ma)

志留纪时期的古地理面貌基本继承了奥陶纪时期以古陆剥蚀区为主的面貌，同时，古陆面积有所扩大，因此志留纪的地层只限于箐河构造带北西部。地层发育全，上、中、下统均有出露。下统龙马溪组为半封闭海湾相笔石页岩，中、上统裨子田组为滨浅海相碳酸盐岩为主的壳相灰岩、泥灰岩。志留系与上覆泥盆系为连续过渡整合接触。

2.4.6 泥盆系(420～359 Ma)

泥盆纪地层主要分布于攀西地区西北部，地层出露全，上、中、下统均有出露。下统以碎屑岩为主，主要为一套灰绿色粉砂质泥岩、粉砂岩夹石英砂岩，显示滨、浅海陆棚相沉积。中、上统全为碳酸盐岩，为潮坪相沉积特征。泥盆系与上覆石炭系连续沉积。

2.4.7　石炭系(359～299 Ma)

区域内石炭系出露局限，仅在攀西地区西北部箐河构造带西北出露。但出露全，上、下统均有出露。岩性较单一，自下而上全为碳酸盐岩，表现为明显的浅海相沉积。与上覆下二叠统整合接触。

2.4.8　二叠系(299～252 Ma)

早二叠世，四川东部地台区一反泥盆纪、石炭纪长期隆起的趋势，开始下沉，攀西部分地区开始接受海相沉积。早二叠世梁山组主要是一套海陆交互相碳质页岩夹砂岩、粉砂岩，含煤层，假整合于老地层之上。中二叠世地壳平稳下降，海水大规模进泛，在攀西地区形成了砂质页岩、硅质岩、砂泥质岩等深水沉积建造。本区的地层组成主要有栖霞组和茅口组。栖霞组总体为一套深灰色含泥质骨屑灰岩、泥晶灰岩，底部夹碳质灰岩，顶部含燧石结核。茅口组为滨岸-上部浅海相成若干断陷盆地，有巨厚的粗碎屑岩并含有极少量的中酸性火山沉积岩；中期以后地层广泛超覆于前三叠系不同层位之上而成为重要的成煤时期。

2.4.9　三叠系(252～201 Ma)

本区三叠系缺失下、中统。上统丙南组或白果湾组与下伏峨眉山玄武岩假整合接触，为一套紫红色砂岩、粉砂岩，夹砾岩、泥灰岩、白云岩。其上整合覆盖有白果湾组含煤地层，整体表现为一套稳定型复陆屑建造。

2.4.10　晚中生界—新生界(201～2.6 Ma)

区域内中生界地层发育完整，包括侏罗系益门组、新村组、牛滚函组及白垩系小坝组。侏罗系出露地层主要是紫红色或砖红色泥岩、砂岩、粉砂岩夹泥灰岩，表现为一套大陆裂谷盆地河湖-三角洲相沉积。新生界主要发育砖红色砂砾岩、砂泥岩、粉砂岩及磨拉石建造，以陆相断陷盆地和山间盆地沉积为主。灰-浅灰色厚层泥晶介屑灰岩、泥晶灰岩，含燧石结核或硅质岩薄层，一般厚度为50～600 m。茅口中期以后有玄武质岩浆喷发。

2.5　区域构造

根据沉积及构造特征的不同，攀西地区主要构造层划分为：由前震旦系变质岩组成的基底为第一构造层;以高角度不整合在基底之上的震旦系至古生界为第二构造层;以平行不整合在古生界之上的中生界为第三构造层;以角度不整合在中生界之上的新生界为第四构造层[194-195]。

2.5.1 前震旦纪

前震旦纪区内为不稳定的沉降地区,在沉降过程中,伴有大量的中基性岩浆喷发,形成了厚约 1 640 m 的玄武岩,随后在振荡运动的环境下,接受了厚达5 000 m以上的浅海-滨海相砂泥质、碳硅质及碳酸盐沉积。晋宁运动使前震旦纪地层发生了强烈的褶皱、隆起,呈东西向延展的主要构造线构成了区内东西向构造带的主要构造形迹。刘家铎等[231]认为攀西地区由于中条运动发生区域变质和变形,深成侵入体和 TTG 岩体叠加了片麻状构造,伴随着深熔岩浆作用和变质作用,最终形成古元古代大陆,该大陆或许是罗迪尼亚超大陆扬子区的基底。

2.5.2 震旦纪—二叠纪

区内前震旦纪的构造形态以紧密的东西向褶皱为主。震旦纪以后,区内还发育一系列南北向或近南北向断裂及褶皱,尤其以印支晚期运动对本区构造格局影响最大。区内以南北向构造占主导地位,其次为东西向构造。在攀西地区范围内存在四条主要的南北向主干断裂带,自东向西依次为:小江断裂带、安宁河断裂带、磨盘山—元谋断裂带、攀枝花断裂带(见图 2-1)。本书选取几条主要断裂带描述如下:

安宁河断裂带:北起金汤,向南经过冕宁、德昌、会理,最后过金沙江进入云南与易门断裂相接。总体上纵贯康滇地轴,倾向为东,倾角约为 60°~80°。该断裂向下切到了莫霍面,为深大断裂。沿着该断裂出露层状基性-超基性岩体,并且与峨眉山玄武岩密切共生[198]。

磨盘山—元谋断裂带:北起磨盘山,向南经过普威、红格、金沙江,在云南境内与绿汁江断裂相连。走向总体为南北向,倾向向西,倾角为 65°~78°。该断裂切断了寒武系、震旦系、会理群和康定群。华力西期基性-超基性岩和晋宁期、澄江期的中酸性岩都有沿着该断裂分布,且规模比较大[198]。

攀枝花断裂带:该断裂呈南北走向,北交于金河—程海断裂带,南进入云南,倾向向东,倾角 45°~80°,沿断裂有糜棱岩化、石墨化、断层泥等动力变质现象,并有大量基性岩沿着断裂带侵位,其中有著名的攀枝花钒钛磁铁矿[198]。

2.6 区域岩浆活动

本区岩浆活动频繁，岩浆岩极为发育，为一个伴随多期构造活动的岩浆杂岩带。区内岩浆活动以浅成、喷发为主，岩石类型有玄武岩、辉长岩、橄榄岩、花岗岩以及碱性岩等。岩浆活动有前震旦纪、晚二叠世、早三叠世。各个时期岩浆在本区的分布情况概述如下：

2.6.1 前震旦纪

前震旦纪岩浆活动强烈，岩石类型由基性到中酸性、由喷出到侵入，形成了大片中基性火山岩、基性及中酸性侵入体。它们分布在南北向构造体系内，受区域构造运动影响，与围岩共同产生了不同程度的变质现象[194-195]。

晚太古代至早元古代的火山岩下部以基性为主，上部偏基-中酸性，这些火山岩都经历了低绿片岩-角闪岩相变质。中元古代的火山岩可划分为上、下两个火山喷发旋回：下部旋回形成的下部火山岩系为玄武岩-安山岩-流纹岩组合；上部旋回形成的上部火山岩系为英安岩-流纹岩和局部粗面岩。这些岩体普遍经历了低-高绿片岩相变质作用。前震旦纪的花岗岩出露面积较大，往往呈岩基或岩株状，侵位于扬子地台的褶皱基底中，并被震旦系沉积不整合覆盖。

2.6.2 晚二叠世—早三叠世

由于受到峨眉山地幔柱作用影响，岩浆活动在晚二叠世—早三叠世的海西—印支期以大量玄武岩浆喷发为其特征，此外尚有基性-超基性、酸性和碱性岩浆侵入，形成断续出露的橄榄岩、辉岩、辉长岩、正长岩等中小型侵入体。本期岩浆矿液丰富，在有利地段形成铁、钛、钒、镍等有用矿产，为本区内生矿产的主要成矿时期。

晚二叠世开始，受峨眉山地幔柱作用影响，以丽江—盐源地区为中心，喷发了厚度巨大的峨眉山玄武岩。由于受到强烈剥蚀，本区玄武岩出露面积不大，分散出露于冕宁、西昌、米易白马、新街、攀枝花二滩、会理龙帚山一带，其中以龙帚山剖面出露最全，厚度达 2 732 m，向四周逐渐变薄。此外，红格地区板房箐及白草一带也发现有峨眉山玄武岩。

基性-超基性侵入岩主要出露在安宁河、雅砻江和绿汁江流域，呈南北向带状分布，其次是在会理一带，呈东西向带状展布。根据岩体的岩石组合，可将本区基性-超基性侵入岩分为7类:① 与碱性岩伴生的层状橄辉岩-辉石岩-辉长岩或单一的层状辉长岩共生组合的岩体。在这类岩体底部通常赋存有厚层钒钛磁铁矿矿层。超基性部分往往还具有铬、镍、铂族元素矿化。代表岩体有红格、攀枝花、新街、白马岩体等。② 岩基或较小侵入体中的基性、超基性共生组合的岩体。这类岩体通常分为两类,一类以基性-超基性岩为主,具有较明显的分异特征,下部多为超基性岩,上部为基性岩,并且在岩体底部或边部通常具有铜镍硫化物型矿化或铂族元素矿化,代表岩体有朱布、力马河等;一类以基性岩为主,通常分异不好,一般不显层状构造,代表岩体有丙谷等。③ 同心式环带状基性-超基性岩共生组合的岩体。岩体一般为小型,岩石呈环带状分布,具镍、铬、铂族元素矿化。代表岩体有会理杨合武、米易大箐沟等。④ 阿尔卑斯型的蛇纹岩-橄榄岩和斜方辉橄岩共生组合的岩体。这类岩体规模很小,如会理莱子园岩体。⑤ 环带状碱性超基性岩共生组合的岩体,仅见于德昌大向坪。⑥ 辉长岩-闪长岩共生组合的岩体,如高家村顶顶、麻陇等。⑦ 辉长岩-辉绿岩共生组合的岩体,如大板山岩体。

攀西地区在该阶段发育有众多的碱性岩体。从柏林等[67]按照岩石性质将它们分为两个大类:一类是不含霞石的英辉正长岩,这类岩体通常与含钒钛磁铁矿的层状基性-超基性侵入体有关,如在红格、攀枝花、白马和太和岩体周围均有出露;另一类是含霞石的碱性杂岩,这类岩体往往构成环状杂岩体,如德昌大向坪霓霞岩体、会理猫猫沟霞石正长岩等。

该阶段花岗岩断续分布于安宁河断裂带以西的磨盘山至红格一带,大致呈南北向分布。主要岩体有磨盘山财地梁子岩体、茨达岩体、黄草岩体等。其上通常被上三叠统丙南组沉积不整合覆盖。燕山期花岗岩主要分布于冕宁以西的牦牛山地区。以冕宁花岗岩为主要代表,它侵位于古生界及三叠纪的煤系地层中,顶部未见到较新的沉积盖层。

2.7 区域矿产

攀西地区火山作用频繁,岩浆活动强烈,热流活动强烈,地壳活动性大,孕育了区内丰富的矿产资源,如钒钛磁铁矿、铜镍矿、铁铜矿、铌钽锆矿、铅锌矿和煤炭、膏盐等矿产组合,其中以超大型岩浆钒钛磁铁矿矿床闻名于世。

前震旦纪石英闪长岩中铜的克拉克值较高,它局部富集形成矿化,如青林铜矿。在前震旦纪其他变质中基性火山岩中亦出现铜的矿化,暗示前震旦纪岩石的含铜性。本期白云母钾长花岗伟晶岩脉中，富含白云母，在局部形成矿化。钛铁矿异常分布在冷水箐角闪石辉长岩附近，为今后寻找该类矿产的有利地段。

与晚二叠世-早三叠世峨眉山大火成岩省岩浆岩有关的矿产非常丰富，主要有以下几类：① 与层状镁铁-超镁铁侵入体有关的岩浆钒钛磁铁矿矿床，如红格、攀枝花、白马、太和等；② 与镁铁-超镁铁质岩体有关的铜镍硫化物铂族元素矿床，如力马河、杨柳坪、金宝山、杨柳坪、朱布等；③ 与花岗岩-碱性岩系有关的稀有金属矿床，如会理白草铌钽矿和盐边路枯铌钽锆稀土共生矿床；④ 与峨眉山玄武岩浆活动有关的热液改造矿床和自然铜矿化，如会东大梁子、会理天宝山及相邻滇黔地区的铅锌矿床。

2.8　小结

攀西地区位于峨眉山大火成岩省内带，自南向北沿磨盘山—元谋断裂和攀枝花断裂带出露一系列具有巨大经济价值的含钒钛磁铁矿矿床及铜镍硫化物铂族元素矿化的镁铁-超镁铁质层状侵入体。本区的岩浆活动以前震旦纪（太古宙—中元古代）中条-澄江期和晚二叠世—早三叠世海西-印支期为两个高峰。早元古代及更早的岩浆岩以基性-中酸性为主，中元古代以中酸性火山岩为主，早古生代岩浆活动多为酸性火山岩及侵入岩，岩浆活动显示出原始陆核从形成、发育到成熟的过程。晚震旦世—石炭纪，扬子板块进入地台发展期，开始接受稳定的地台盖层沉积，沉积地层发育齐全。二叠晚期，由于受到峨眉地幔柱作用影响，伴随着大量峨眉山玄武岩浆的喷溢，多个基性-超基性层状侵入体侵位，红格基性-超基性层状侵入体即形成于该时期。攀西地区独特的构造-岩浆条件及流体活动，孕育了许多具有重要工业价值的矿产资源，其中以产出多个超大型的岩浆钒钛磁铁矿矿床为显著特色。因此，系统深入地研究这些岩体的成岩成矿及岩浆演化过程对更好地理解本区幔源岩浆活动及岩浆成矿作用具有重要意义。

第3章 红格岩体地质及岩相学特征

3.1 岩体地质特征

红格岩体位于我国四川省西南部攀枝花市以东红格区北部十余千米的山地中。南起中干沟，往北经红格区猛粮坝、黑谷田、中梁子、路枯、湾子田，北至米易县安宁村、潘家田，东起会理县白草、李子村、巴巴吊，西至红格区猛新、新九[196-197]（见图3-1），其地理坐标范围为：北纬 26°30′～26°45′，东经 101°50′～102°05′。主岩体出露部位呈近南北向的长椭圆形展布，长 16 km，宽 3～6 km，展布面积约 65 km^2，岩体直接受南北向昔格达断裂、安宁河断裂以及红格东西向构造的控制。

由于岩浆活动和构造作用，红格钒钛磁铁矿矿床被分成若干个大小不等的矿区，其中大型矿区有路枯、中干沟、安宁村、湾子田等，中型矿区有白草、马鞍山、中梁子等。这些矿区主要集中在岩体的东、北和南部，虽然岩相带完整程度不一，但相应的岩相带、含矿带层位、矿石物质成分特征等均可对比（见图3-2）。各矿区的含矿层厚度、含矿率有所不同，特别是北段安宁村和白草两矿区，其含矿层位较之南段矿区上移，主要赋存在上部辉长岩相带中，缺失下部橄辉岩相带和含矿带[232]（见图3-2）。本书工作区主要位于铜山、新九、板房箐和白草一带。

红格岩体岩相及矿物组成柱状图见图3-3。红格岩体韵律旋回-岩相带略图见图3-4。红格岩体各岩相野外露头照片见图3-5～图3-10。红格岩体各岩相镜下照片（正交偏光）见图3-11～图3-16。红格岩体岩石结构镜下照片（正交偏光）见图3-17～图3-24。

3.1.1 岩体围岩概况

岩体受南北向的昔格达及安宁河大断裂带的控制，顺层侵位于二叠系玄武

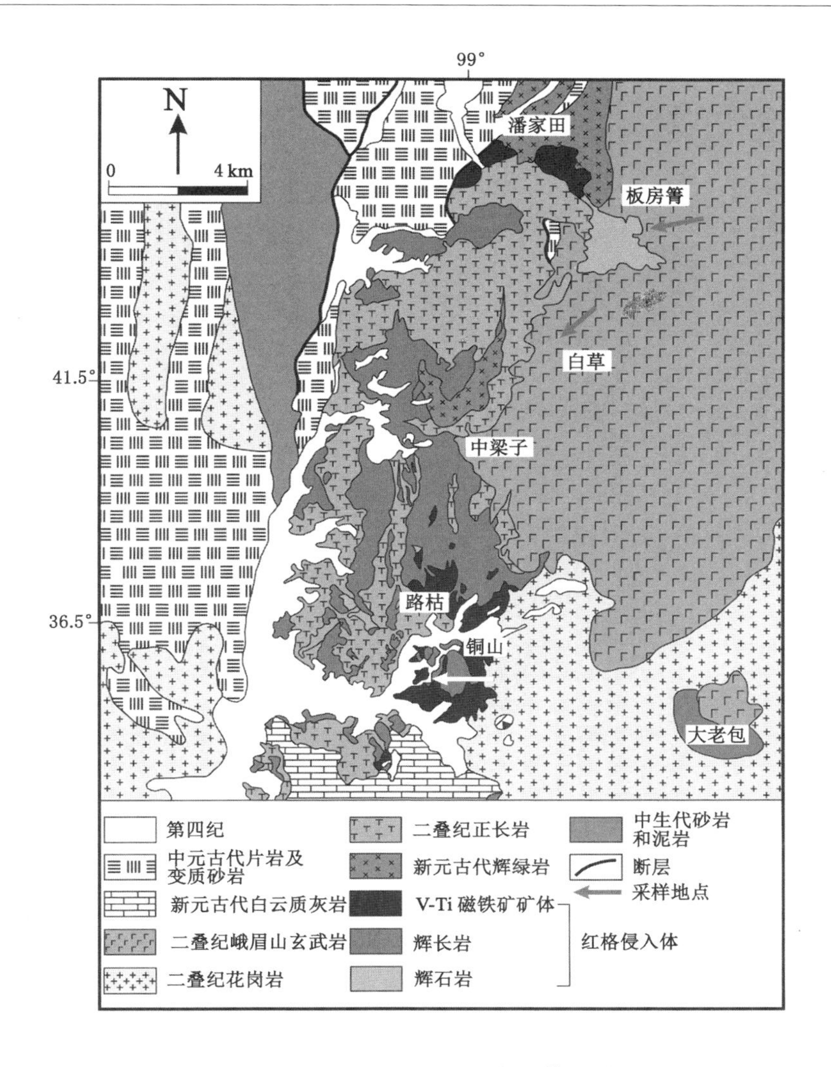

图 3-1　红格层状基性-超基性侵入体地质略图

岩与震旦系下统灯影组灰岩之间的不整合接触面上。红格岩体的顶板几乎被剥蚀掉，辨别不清，出露上部岩相带的辉长岩，但在东北角，红格岩体上部辉长岩与峨眉山玄武岩直接接触。岩体底板为震旦系灯影组的大理岩或基底变质岩，且岩体边缘一般与底板呈超覆不整合接触。岩体是由同期多次侵入的基性-超基性复合岩体构成，以层状侵入体为主，分异良好具有明显的火成层理，产状总体较平缓。

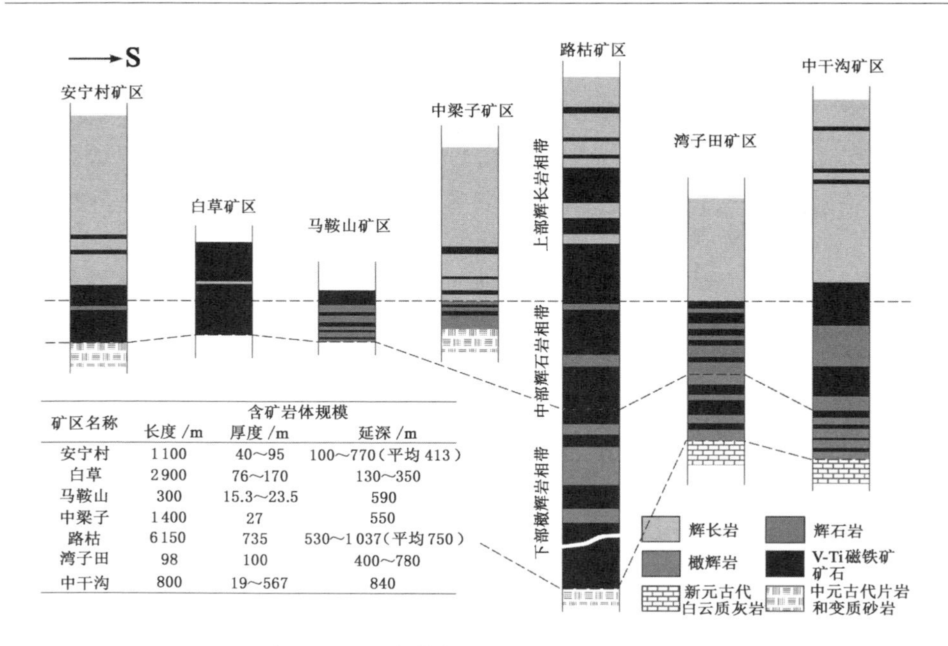

矿区名称	含矿岩体规模		
	长度/m	厚度/m	延深/m
安宁村	1100	40～95	100～770(平均413)
白草	2900	76～170	130～350
马鞍山	300	15.3～23.5	590
中梁子	1400	27	550
路枯	6150	735	530～1037(平均750)
湾子田	98	100	400～780
中干沟	800	19～567	840

图 3-2 红格岩体各矿区岩相带柱状对比图

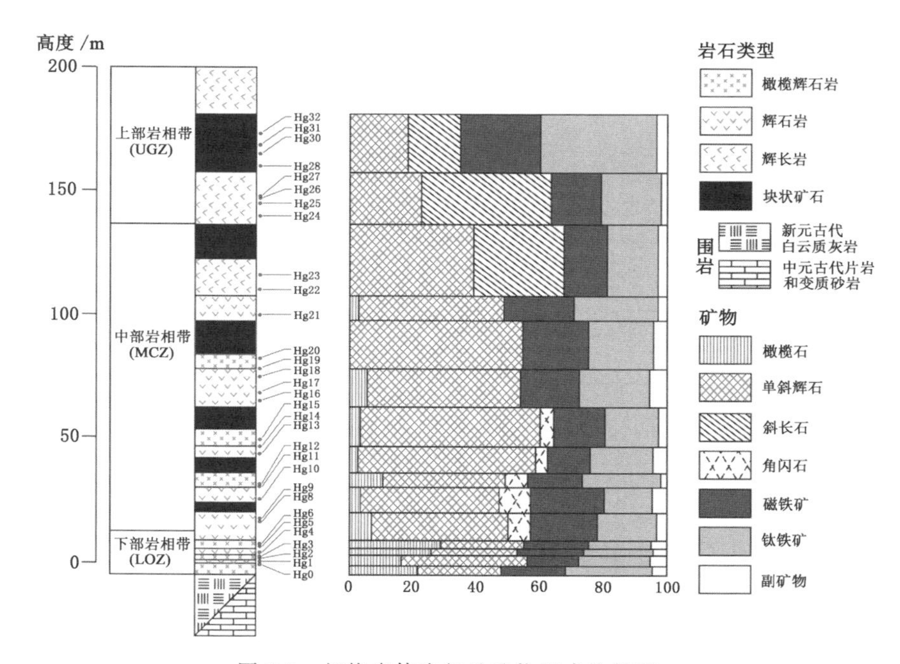

图 3-3 红格岩体岩相及矿物组成柱状图

韵律层	岩相带	岩层	厚度/m	柱状图	主要岩石类型	矿石有用元素平均含量/%							
						Fe_2O_3	TiO_2	V_2O_5	Cr_2O_5	Cu	Co	Ni	S
第Ⅳ韵律层	辉长岩岩相带	上部岩层	200	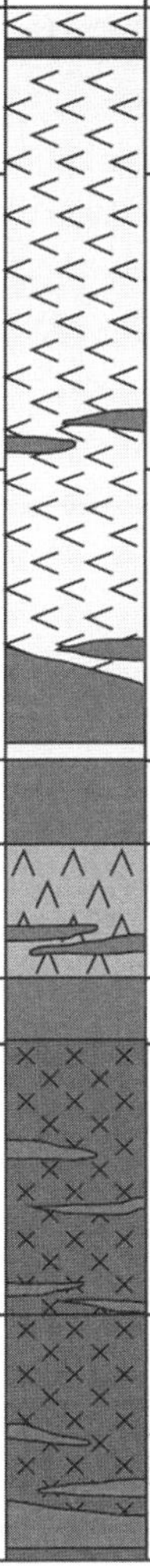	块状辉长岩，层状辉长岩，上部夹薄层闪长岩								
		中部岩层	50～303		角闪层状辉长岩，底部夹有薄层辉石岩、橄榄岩	16.40 26.47	7.96 10.83	0.14 0.24	0.03 0.09	0.01 0.03	0.01 0.02	0.01 0.04	0.29 0.42
		下部岩层	44.5～315		含橄或橄榄暗色层状辉长岩为主，下部有一层厚度不等辉石岩，橄榄岩底部有一层厚度不大且不稳定的斜长岩	15.79 25.17	7.79 11.20	0.13 0.22	0.03 0.16	0.01 0.02	0.01 0.02	0.01 0.03	0.38 0.47
第Ⅲ韵律层	辉石岩岩相带	上部岩层	31～88.4		含长辉岩、橄辉岩、橄榄岩								
第Ⅱ韵律层		中部岩层	30～120		辉石岩、橄辉岩、橄榄岩	16.50 27.85	8.09 10.44	0.14 0.25	0.08 0.35	0.02 0.03	0.01 0.02	0.03 0.07	0.42 0.44
		下部岩层	15～53.83		含长辉石岩、辉石岩、橄辉岩、橄榄岩								
第Ⅰ韵律层	橄辉岩岩相带	上部岩层	42～205.3		不等粒辉石岩，细粒橄辉岩夹橄榄岩为主，下部往往有包橄角闪橄榄岩夹层，底部时见角闪辉石岩	16.60 25.89	7.07 9.78	0.14 0.23	0.16 0.32	0.02 0.03	0.01 0.02	0.04 0.06	0.35 0.11
		下部岩层	0～397		似斑状粗粒包橄角闪橄榄辉石岩为主，下部粗伟晶角闪辉石岩或角闪含橄辉石岩增多	16.77 26.53	6.49 9.60	0.14 0.24	0.20 0.45	0.02 0.03	0.01 0.02	0.05 0.07	0.35 0.44

图 3-4　红格岩体韵律旋回-岩相带略图

图 3-5 红格地区橄榄辉石岩

图 3-6 红格地区辉石岩

图 3-7 红格地区辉长岩

图3-8　红格地区钒钛磁铁矿矿层

图3-9　板房箐玄武岩露头

图3-10　白草玄武岩球状风化

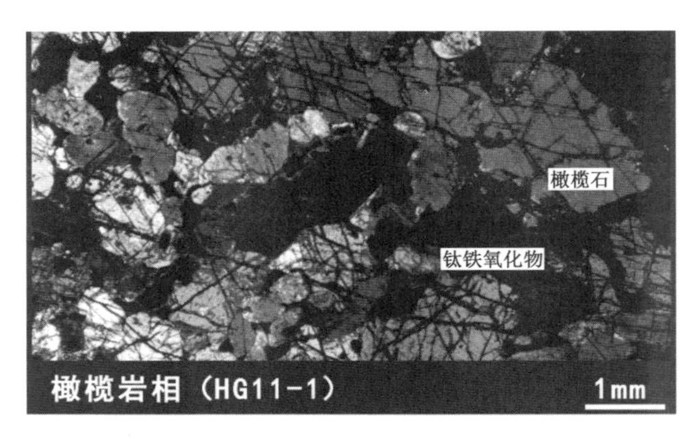

图 3-11 橄榄石间隙中充填的钛铁氧化物(正交偏光)

图 3-12 橄榄石间隙中的钛铁氧化物包体(正交偏光)

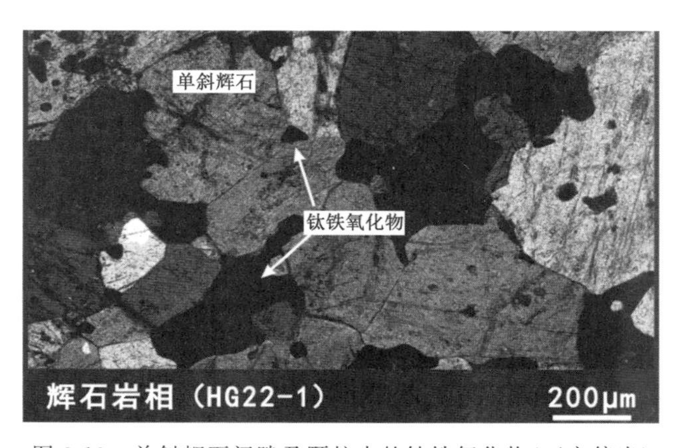

图 3-13 单斜辉石间隙及颗粒内的钛铁氧化物(正交偏光)

图 3-14　斜长石聚片双晶结构(正交偏光)

图 3-15　单斜辉石及斜长石间隙中充填的钛铁氧化物(正交偏光)

图 3-16　手标本中肉眼可见的浸染状硫化物

图 3-17　橄榄石颗粒内部的钛铁氧化物包体(正交偏光)

图 3-18　辉石颗粒内部的钛铁氧化物包体(正交偏光)

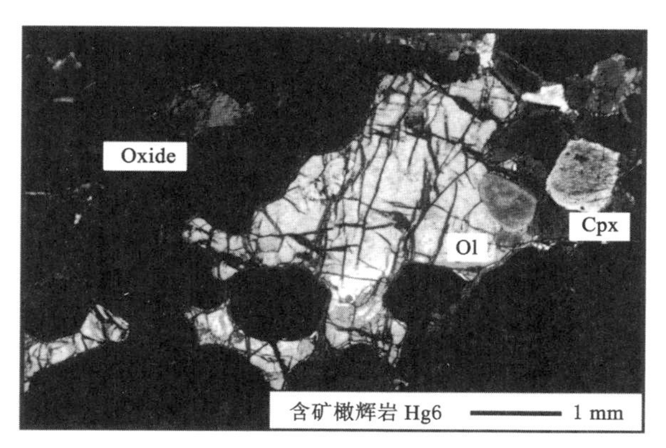

图 3-19　浸染状钛铁氧化物与橄榄石、辉石共存结构(正交偏光)

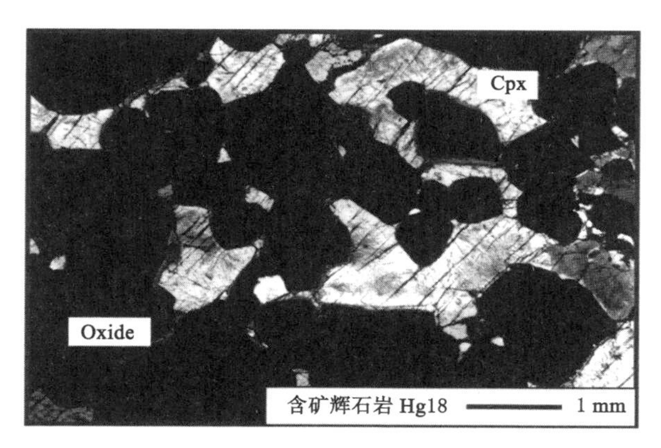

图 3-20　浸染状钛铁氧化物与辉石共存结构(正交偏光)

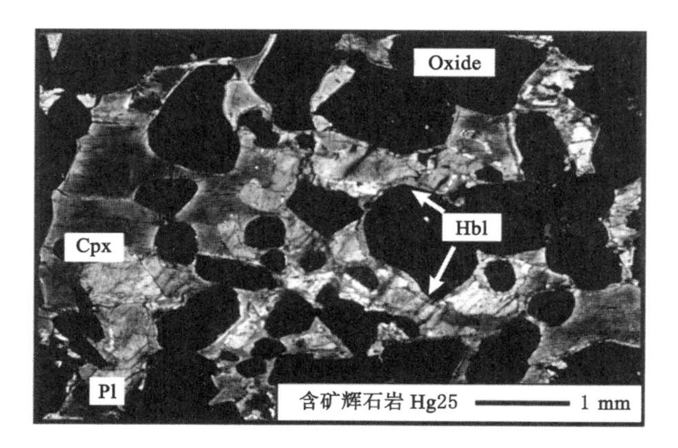

图 3-21　单斜辉石边缘的角闪石反应边结构(正交偏光)

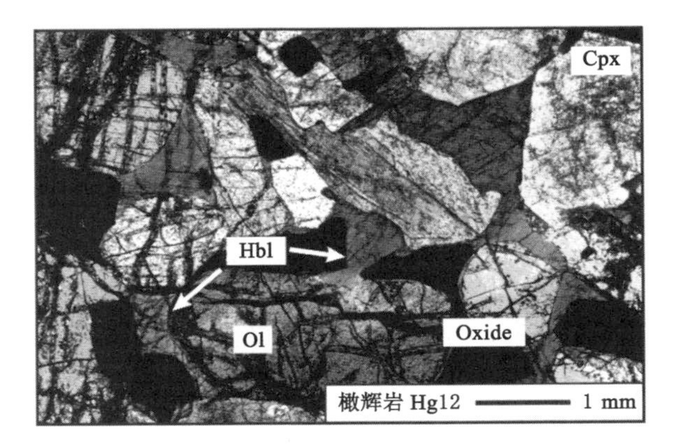

图 3-22　单斜辉石边缘的角闪石反应边结构(正交偏光)

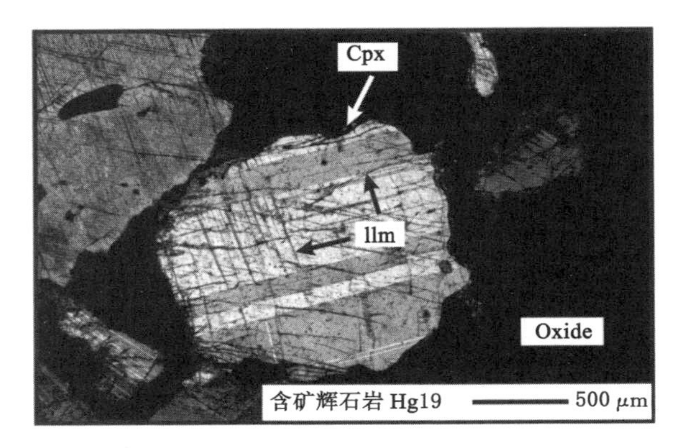

图 3-23　单斜辉石中的钛铁矿出溶结构(正交偏光)

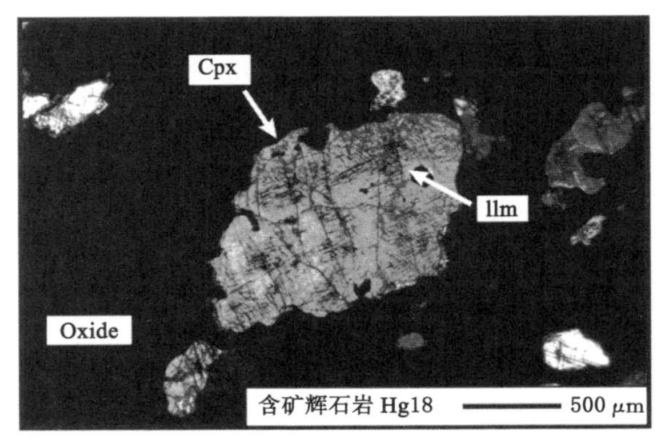

图 3-24　块状矿石中的橄榄石反应边结构(正交偏光)

3.1.2　岩相分带及岩石学特征

根据岩相学和矿物组成，红格岩体自下而上被分为3个岩相带和4个Ⅰ级韵律旋回：下部橄辉岩岩相带、中部辉石岩岩相带和上部辉长岩岩相带，中部辉石岩相带又被进一步分为上下两个旋回。旋回Ⅰ、Ⅱ和Ⅲ的开始以堆晶橄榄石的出现为标志，旋回Ⅳ则以自形磷灰石的出现为标志。第Ⅰ韵律旋回为橄辉岩岩相带，自下而上为粗粒包橄角闪橄辉岩、含长角闪橄辉岩、角闪橄辉岩、含长橄辉岩、不等粒辉石岩，底部含矿性较上部好；第Ⅱ韵律旋回为辉石岩岩相带中下含矿层组成，自下而上为纯橄岩、辉橄岩、包橄橄榄岩、橄榄岩、中粒辉石岩；第Ⅲ韵律旋回由辉石岩岩相带上含矿层及辉长岩相带下含矿层底部暗色层状辉长岩、斜长岩组成，自下而上为包橄辉橄岩、辉橄岩、辉石岩、含长辉石岩、斜长岩、暗色层状辉长岩等；第Ⅳ韵律旋回为辉长岩岩相带的中下含矿层组成。矿体在各岩相带中均有分布，但矿化不均匀，其中以辉石岩相带的矿化最好，其次是橄辉岩相带，辉长岩相带矿化最差，且富矿石大多集中在每个韵律旋回的下部或底部(见图3-3)。通过野外地质观察结合镜下鉴定，红格岩体的主要岩相特征如下：

3.1.2.1　下部岩相带

下部岩相带与新元古代白云质灰岩或中元古代片岩和变质砂岩相接触，以富含橄榄石、辉石及少量钛铁氧化物为特征。主要的造岩矿物为橄榄石、单斜辉石钛磁铁矿及钛铁矿，副矿物有斜长石、磷灰石及金属硫化物等(见图3-3)。岩石构造以稠密侵染状构造为主(见图3-21)，主要的岩石类型为橄榄辉石岩和辉石岩 (见图3-5、图3-6)。

橄榄辉石岩中橄榄石含量10%～35%，单斜辉石含量40%～75%，钛铁氧化物含量低于20%，磁黄铁矿、黄铁矿、黄铜矿等金属硫化物的总含量一般不超过3%。

橄榄石为自形粒状或溶蚀浑圆状，裂理发育，通常包裹有钛铁氧化物颗粒或被包裹于单斜辉石中。部分颗粒蛇纹石化及透闪石化发育。单斜辉石通常为自形或半自形，简单双晶发育，后期发生固溶体分离，钛铁氧化物沿矿物解理析出，形成席列构造(见图3-23)。斜长石呈它形充填在橄榄石、单斜辉石等矿物颗粒之间，含量<3%，分布不均匀。颗粒边部绢云母化发育，但仍可见聚片双晶。

辉石岩中单斜辉石含量70%～75%，橄榄石含量低于10%，钛铁氧化物含量在9%～17%之间，金属硫化物总含量一般不超过3%。单斜辉石通常为自形或半自形，后期发生钛铁氧化物固溶体分离而沿矿物解理析出，形成席列构造（见图3-24）。下部岩相带矿物结晶顺序为：橄榄石＋钛铁氧化物→单斜辉石→角闪石→斜长石＋磷灰石。

3.1.2.2 中部岩相带

中部岩相带以块状矿石和角闪石的出现为特征，是红格岩体主要的含矿层位。主要的造岩矿物为单斜辉石、钛铁氧化物、斜长石、角闪石及橄榄石，副矿物有磷灰石及金属硫化物。钛铁氧化物矿层通常赋存于每个旋回的下部（见图3-4），随着钛铁氧化物的减少，每个旋回由下部的块状矿石，向上渐变过渡为橄辉岩、角闪辉石岩。

角闪单斜辉石岩中单斜辉石含量为52%～75%，钛铁氧化物含量20%～38%，角闪石含量3%～8%，斜长石含量约为5%，金属硫化物总含量一般不超过3%。单斜辉石通常呈自形-半自形，后期发生固溶体分离，Fe-Ti氧化物沿矿物解理析出，形成席列构造。席列构造在单斜辉石颗粒的中部比较发育。钛铁氧化物主要为磁铁矿和钛铁矿。角闪石通常为红棕色，见明显多色性，主要呈反应边结构，局部呈它形填隙状。块状矿石主要分布在每个旋回的底部，呈黑色，块状构造，由含量超过80%的Fe-Ti氧化物以及少量硅酸盐矿物组成。部分旋回中的块状矿石中含有橄榄石（13%）以及少量角闪石（2%）和极少量磷灰石。中部岩相带矿物结晶顺序为：橄榄石＋钛铁氧化物→单斜辉石→斜长石→角闪石＋磷灰石。

3.1.2.3 上部岩相带

上部岩相带以大量斜长石和自形磷灰石的出现为特征。主要的造岩矿物为斜长石、单斜辉石、钛铁氧化物及磷灰石，副矿物有角闪石及金属硫化物等。磷灰石磁铁辉长岩中单斜辉石含量为20%～55%，斜长石含量为15%～43%，磷灰石含量为5%～10%，Fe-Ti氧化物总含量为20%～28%，角闪石含量为2%～3%。与其他两个岩相带单斜辉石相比，上部岩相带单斜辉石颗粒的席列构造不发育。斜长石为自形-半自形板状，聚片双晶发育，绢云母化、绿泥石化、黝帘石化、钠长石化发育。磷灰石分布均匀，长柱状，晶形完好，具有一定的定向性。分布不均匀的金属硫化物总含量不超过2%。上部岩相带矿物结晶顺序为：单斜辉石＋斜长石＋磷灰石→钛铁氧化物→角闪石。

3.2 矿床地质特征

红格矿体由块状矿石和浸染状矿石矿层组成，主要赋存于岩体中、下部岩相带(见图3-2)。不同含矿韵律层中,矿体与岩石呈渐变过渡关系。路枯矿区矿体厚度最厚,向南(湾子田和中干沟矿区)矿体厚度变薄,向北(白草、马鞍山、安宁村等矿区)矿体厚度变薄并出现下部含矿带缺失的现象(见图3-2),故本书研究区域选择在路枯矿区能够更好地探究红格岩体岩浆演化过程及成矿控制因素。姚培慧等[233]认为本区目前已探明储量4 572 Mt,全区铁矿石平均品位27%FeO_t,10.6TiO_2及0.24%V_2O_3,并且还含有0.5%~3.5%的共生硫化物。

3.2.1　矿石结构

填隙状结构:钛磁铁矿、钛铁矿或硫化物的它形、半自形粒状集合体分散充填在先晶出的脉石矿物橄榄石、单斜辉石及斜长石颗粒间,通常发育于稀疏浸染状矿石中(见图3-11、图3-13)。

海绵陨铁结构:是指钛磁铁矿、钛铁矿、硫化物呈自形、半自形粒状集合体,以120°交角彼此连接成网环状,呈胶结物状分布在早结晶形成的橄榄石、单斜辉石颗粒或集合体间,使得脉石矿物呈孤岛状,通常发育于稠密浸染状矿石中(见图3-21)。

嵌晶包含结构:钛磁铁矿、钛铁矿呈自形、半自形单晶包含在橄榄石、单斜辉石颗粒中,显示相对于脉石矿物较早结晶的特点。这种结构在下部岩相带中较为发育(见图3-13,图3-17)。

反应边结构:在氧化物矿物与脉石矿物橄榄石、单斜辉石接触部位多见含水矿物如角闪石(见图3-21、图3-22)。

3.2.2　矿石构造

块状构造:钛铁氧化物结晶以后通过重力分选过程,最后富集凝固形成块状构造,钛铁氧化物总量大于80%。红格岩体中这种构造主要出现在中部岩相带每个旋回底部的块状矿石中。

浸染状构造:是指钛铁氧化物等矿石矿物,在矿石中较大范围内呈星散状均匀分布的一种构造,它是本区钒钛磁铁矿主要的构造类型。根据钛铁氧化物与脉石矿物含量比例的不同变化,可划分为稠密浸染状构造(钛铁氧化物含量>50%)、稀疏浸染状构造(钛铁氧化物含量50%~20%)、星稀浸染状构造(钛铁氧化物含量10%~20%)。

条带状构造:是指由铁钛氧化物相对集中或减少并呈定向排列而呈条带状的一种构造。相邻不同条带间的钛铁氧化物含量悬殊,据此可分为暗色条带与浅色条带。暗色条带中钛铁氧化物相对集中，主要由稀疏浸染状矿石构成；浅色条带中钛铁氧化物含量降低，斜长石含量升高，常为星稀浸染状矿或含铁岩石组成。两种不同色率的条带交替、更迭出现，从而形成了条带状构造，常在上部岩相带中发育。

流状构造：是指矿物作不连续状定向排列而形成的一种构造，尤以柱状矿物定向性最为明显。钛铁氧化物沿含矿母岩的流动构造呈定向的浸染状，这种结构在下部岩相带较为常见。

3.2.3 矿石类型

红格岩体矿石根据其结构、构造可细分为浸染状矿石和块状矿石，浸染状矿石又可以分为稠密浸染状矿石和稀疏浸染状矿石。浸染状矿石在三个岩相带中均有分布，块状矿石仅出现在中部岩相带。按自然类型划分，主要为氧化物矿石，矿石矿物以磁铁矿、钛铁矿为主，含少量镁铝尖晶石和硫化物。

（1）磁铁矿

它是矿石中最主要的含铁矿物，同时也是主要的钛、钒、铬赋存矿物。由磁铁矿主晶及钛铁晶石微片晶、钛铁矿片晶、镁铝晶石等固溶体出溶物组成。根据矿物形态可将其分为4个结晶期次：

① 岩浆早期形成的自形磁铁矿：主要呈自形晶被包含在橄榄石、单斜辉石、角闪石等硅酸盐矿物颗粒中，形成嵌晶包含结构。这在下部岩相带中的磁铁橄辉岩和磁铁辉石岩中较为普遍[见图3-17、图3-18、图3-25(e)]。

② 与硅酸盐矿物同时堆晶的磁铁矿：呈自形、半自形、它形晶。与钛铁矿一起形成粒状集合体分布于橄榄石、单斜辉石、斜长石等硅酸盐矿物粒间，形成填隙结构或海绵陨铁结构，矿物粒度相对较粗，是Fe-Ti氧化物矿的主要产出形式（见图3-19、图3-20）。

③ 固溶体分解期形成的磁铁矿：呈显微片晶状有规律地沿单斜辉石的解理面和裂理面分布，形成席列构造（见图3-19、图3-23），在钛铁矿颗粒中也同样发育。含量较少。

④ 自变质-热液期的磁铁矿：不含或少含钛，主要是橄榄石、含钛普通辉石蚀变时析出，呈不规则状、细粒状产出，主要分布在蛇纹石、次闪石、绿泥石等蚀变矿物的裂隙中，量极少。

（2）钛铁矿

它是主要的含铁、钛的矿物，在各类矿石中分布普遍，根据矿物产状可以将

(a) 它形钛铁矿及磁铁矿，边界共生单斜辉石

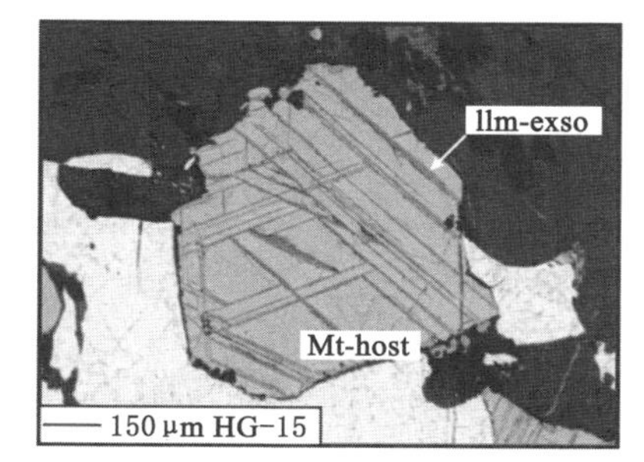

(b) 钛磁铁矿颗粒中广泛发育的钛铁矿出溶片晶

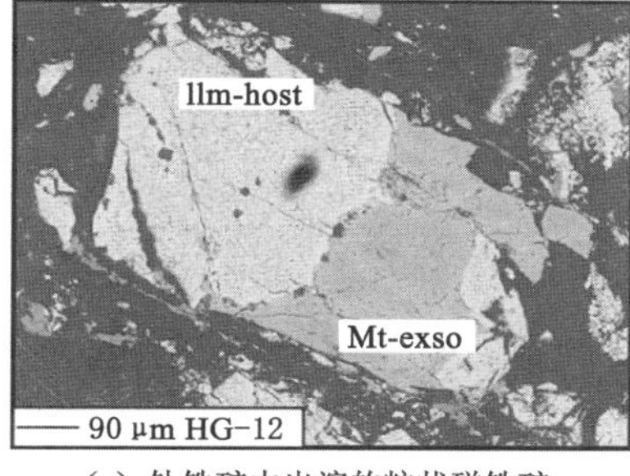

(c) 钛铁矿中出溶的粒状磁铁矿

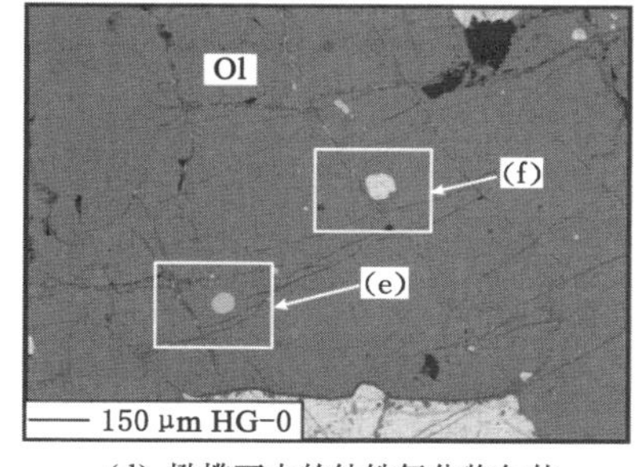

(d) 橄榄石中的钛铁氧化物包体

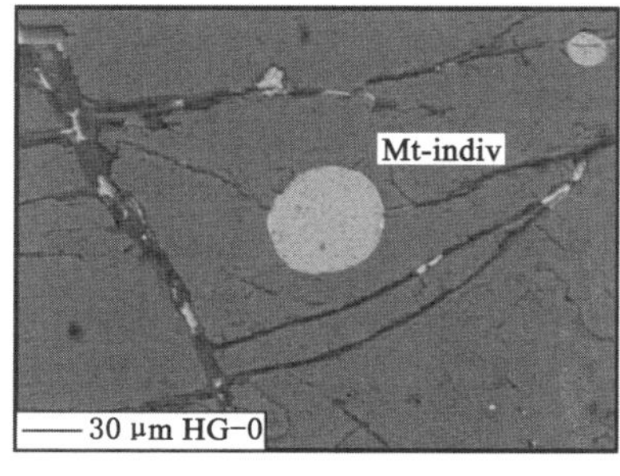

(e) 橄榄石中的自形钛磁铁矿颗粒

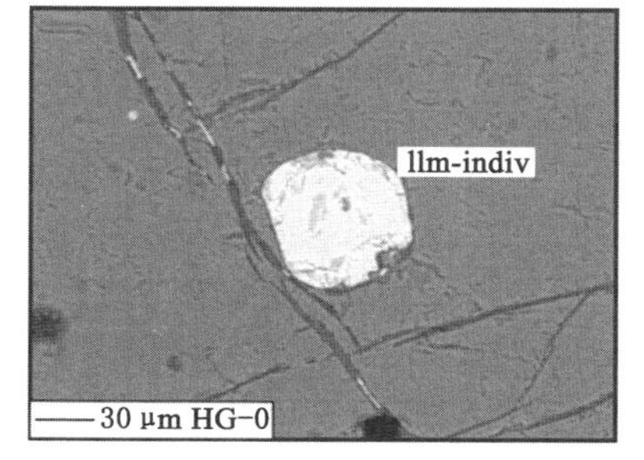

(f) 橄榄石中的自形钛铁矿颗粒

图 3-25　红格岩体钛铁氧化物出溶关系 BSE(背散射)电子图像

钛铁矿划分为3个期次：

① 岩浆早期形成的钛铁矿：呈半自形、自形粒状，常与磁铁矿一起被橄榄石、单斜辉石包裹，粒度一般较小。该期形成的钛铁矿在钛铁矿中所占比例较少。

② 与硅酸盐矿物同时堆晶的钛铁矿：呈半自形—它形。和磁铁矿一起形成粒状集合体分布于橄榄石、单斜辉石、斜长石等硅酸盐矿物颗粒间，形成填隙结构或海绵陨铁结构，矿物粒度相对较粗，是 Fe-Ti 氧化物矿的主要产出形式，发

育聚片双晶。

③ 固溶体分解期形成的钛铁矿:呈显微片晶状,有规律地沿磁铁矿[111]面分布,次为[100]面[见图3-25(b)]。少量呈针状沿单斜辉石解理面和裂理面分布。

(3) 镁铝尖晶石

这种尖晶石产状上有别于呈固溶体出溶物存在于氧化物矿物中的尖晶石。通常呈自形、半自形粒状,粒度较小。在薄片下呈翠绿色,具均质性。主要分布在磁铁矿和钛铁矿颗粒之间。分布不均,含量<1%。

(4) 岩浆成因硫化物

主要呈他形充填于Fe-Ti氧化物或者硅酸盐矿物颗粒之间,或以乳滴状、浑圆状被包裹于Fe-Ti氧化物或硅酸盐矿物中,粒度细小。硫化物主要为磁黄铁矿、黄铁矿、黄铜矿等,总含量低于3%,其中磁黄铁矿和黄铁矿占硫化物总量的90%以上。

① 磁黄铁矿:分布广泛,是矿床中最主要的硫化物矿物。产出形态主要有呈它形填隙状分布于其他矿物颗粒间,或者呈浑圆乳滴状被包裹于Fe-Ti氧化物或硅酸盐矿物内部。

② 黄铁矿:分布广泛,主要呈粒状零星分布于其他矿物粒间,少量呈浑圆乳滴状被包裹于钛铁氧化物或硅酸盐矿物内部。含量在岩体中自下而上呈逐渐增多的趋势。

③ 黄铜矿:与雌黄铁矿紧密伴生,呈它形被包裹于雌黄铁矿主晶中,或者分布于其边缘,或者呈脉状穿插雌黄铁矿,少量呈浑圆乳滴状被包裹于钛铁氧化物或硅酸盐矿物内部。

3.3 与攀西地区其他含钒钛磁铁矿矿床层状岩体的主要区别

宋谢炎等[85]、Song等[61,83]、Xu等[64]、Zhou等[71]认为攀西地区层状岩体中产出的矿床按照其含矿类型可分为两种类型,即与镁铁-超镁铁质侵入体有关的钒钛磁铁矿矿床(红格、攀枝花、太和及白马岩体)和与镁铁-超镁铁质侵入体有关的铜镍硫化物铂族元素矿床(以力马河岩体为代表)。在此主要分析对比了攀西地区红格岩体与攀枝花、白马、太和岩体的不同之处,主要表现在以下3个方面:

① 岩石组合：红格岩体主要自下而上由橄辉岩、辉石岩、辉长岩等基性-超基性岩组成，构成了较完整的岩浆演化序列；而攀枝花、白马、太和岩体则主要以辉长岩、橄长岩等基性岩为主，局部出现橄辉岩、辉石岩等超基性岩。

② 围岩性质：红格岩体的围岩性质较为复杂，以中元古代会理群的片岩、变质砂岩和新元古代震旦系上统灯影组的白云质灰岩为主，岩体东北角（百草、板房箐等地）与峨眉山玄武岩直接接触；而攀枝花等岩体的围岩则主要为震旦系上统灯影组的白云质灰岩。

③ 赋矿层位：红格岩体的矿层主要赋存在岩体的中下部，块状矿石仅出现在岩体中部岩相带每个旋回的底部。对于攀枝花和白马岩体而言，它们的矿体主要赋存在岩体下部，块状矿石出现在岩体底部。

综上所述，红格岩体在岩石组合、围岩性质以及赋矿层位等方面具有不同于攀枝花、白马和太和岩体的独特之处，这些不同之处暗示着红格岩体具有其特殊的岩浆演化过程及钒钛磁铁矿成矿机制。

3.4　小结

红格层状岩体位于攀西成矿带南部，岩体呈南北走向，长 16 km，宽 5～10 km，厚约 1.2 km。该岩体北部侵位于中元古代片岩和变质砂岩中，南部侵位于新元古代的白云质灰岩中；在岩体东北角，上部岩相带的辉长岩与峨眉山玄武岩直接接触。由于后期二叠纪花岗岩和正长岩的侵入，红格岩体与围岩的接触关系被破坏，部分岩体呈捕虏体被包裹在花岗岩中。根据岩相学和矿物组成，红格岩体自下而上被分为 3 个岩相带和 4 个Ⅱ级韵律旋回：下部橄辉岩岩相带、中部辉石岩岩相带和上部辉长岩岩相带，中部辉石岩相带又被进一步分为上下 2 个旋回。旋回Ⅰ、Ⅱ和Ⅲ的开始以堆晶橄榄石的出现为标志，旋回Ⅳ则以自形磷灰石的出现为标志。

红格钒钛磁铁矿矿体由块状矿石和浸染状矿石矿层组成，主要赋存在岩体中、下部岩相带。不同含矿韵律层中，矿体与岩石之间呈渐变过渡关系。矿体厚度以路枯矿区最厚，向南（湾子田和中干沟矿区）矿体厚度变薄，向北（白草、马鞍山、安宁村等矿区）矿体厚度变薄并出现下部含矿带缺失的现象。红格岩体在岩石组合、围岩性质以及赋矿层位等方面都表现出不同于攀枝花、白马和太和岩体的特征，暗示着红格岩体具有其独特的岩浆演化和成岩成矿过程。

第4章 红格岩体岩石地球化学特征

4.1 全岩主量元素地球化学

红格层状侵入体各类岩石全岩主量元素分析结果列于表4-1(表中单位wt%表示“质量百分比”,1 ppm=0.000 1%),柱状图见图4-1,微量元素及特征元素比值柱状图见图4-2。除了个别上部岩相带含磁铁矿辉长岩样品(HG21,HG24及HG26)之外,其余样品均表现为低的烧失量(LOI),并且镜下岩矿鉴定结果也表明大部分样品比较新鲜。所有样品都具有较高的TiO_2和Fe_2O_3含量和变化较大的全岩Mg#[0.18~0.76,Mg#=MgO/(MgO+Fe_2O_3×0.9)]。

橄榄辉石岩:橄辉岩主要位于下部岩相带,在中部岩相带中下部也有分布。具有较低的SiO_2[(34.94~42.13)wt%]和较高的MgO[(11.84~19.26)wt%]含量。而Fe_2O_3及TiO_2含量变化较大,分别为(11.81~24.12)wt%和(3.58~5.64)wt%。

单斜辉石岩:单斜辉石岩主要出现在岩体的中部岩相带,在下部岩相带中也有零星分布。样品成分变化较小,具有较高的CaO[(11.1~17.87)wt%]和Al_2O_3[(3.51~4.39)wt%]含量。此外,其SiO_2和MgO变化范围为(33.77~41.71)wt%和(11.88~18.87)wt%之间。

辉长岩:辉长岩主要存在于上部辉长岩相带。辉长岩成分变化显著地受到钛铁氧化物的影响,如SiO_2的变化范围为(28.03~45.88)wt%,Fe_2O_3的变化范围为(11.49~18.15)wt%。由于上部岩相带中存在大量的斜长石和磷灰石,辉长岩表现出更高的Na_2O+K_2O[(0.04~2.5)wt%]和P_2O_5[(0.02~1.8)wt%]含量。

钛铁氧化物块状矿石:致密块状矿石主要赋存于各个韵律旋回的底部,其主要成分为SiO_2[(6.35~16.85)wt%]、MgO[(7.04~13.75)wt%]、Fe_2O_3[(44.67~64.6)wt%]及TiO_2[(13.45~21.49)wt%]。

表 4-1　红格岩体主量元素及微量元素含量

岩相带		下部岩相带							中部岩相带				
样品编号		HG0	HG1	HG2	HG3	HG4	HG5	HG6	HG8	HG9	HG10	HG11	HG12
岩石类型		橄榄辉石岩	辉石岩	橄榄辉石岩	橄榄辉石岩	辉石岩	橄榄辉石岩	橄榄辉石岩	辉石岩	辉石岩	辉石岩	橄榄辉石岩	橄榄辉石岩
高度/m		0.00	0.50	3.00	3.50	4.00	6.50	7.00	12.00	13.00	25.00	30.00	31.00
主量元素/wt%	SiO_2	36.10	35.22	36.86	34.94	35.25	36.42	35.57	36.24	36.73	35.18	40.79	42.13
	TiO_2	4.99	4.86	4.87	5.25	6.19	5.55	5.64	7.06	7.07	7.61	3.58	4.50
	Al_2O_3	3.60	3.51	3.76	3.64	3.72	3.51	4.21	3.74	3.76	3.52	3.36	3.85
	Fe_2O_3	23.78	23.20	23.14	24.12	22.69	22.63	24.20	23.06	22.19	24.32	21.47	18.81
	MnO	0.21	0.20	0.20	0.21	0.20	0.20	0.20	0.18	0.17	0.17	0.19	0.16
	MgO	19.26	18.79	17.88	17.95	16.96	18.48	16.31	14.49	13.96	13.64	17.74	14.48
	CaO	11.38	11.10	13.32	12.39	12.99	12.37	13.20	14.17	14.88	14.41	11.44	15.53
	Na_2O	0.25	0.24	0.21	0.32	0.22	0.23	0.48	0.30	0.30	0.25	0.32	0.32
	K_2O	0.05	0.05	0.02	0.04	0.03	0.03	0.17	0.04	0.04	0.02	0.07	0.04
	P_2O_5	0.12	0.12	0.09	0.08	0.11	0.10	0.09	0.09	0.09	0.05	0.09	0.02
	LOI	0.61	3.36	1.08	0.41	1.06	1.14	0.82	0.51	0.39	0.36	1.73	0.93
	Mg-no.	62	62	61	60	60	62	57	56	56	53	62	61
	Total	99.74	97.30	100.36	98.93	98.34	99.53	100.08	99.37	99.20	99.17	99.04	99.84
	P_2O_5/K_2O	2.31	2.31	3.95	2.11	4.36	3.05	0.53	2.01	2.28	2.83	1.32	0.61

表 4-1(续)

岩相带		下部岩相带							中部岩相带				
样品编号		HG0	HG1	HG2	HG3	HG4	HG5	HG6	HG8	HG9	HG10	HG11	HG12
岩石类型		橄榄辉石岩	辉石岩	橄榄辉石岩	橄榄辉石岩	辉石岩	橄榄辉石岩	橄榄辉石岩	辉石岩	辉石岩	辉石岩	橄榄辉石岩	橄榄辉石岩
高度/m		0.00	0.50	3.00	3.50	4.00	6.50	7.00	12.00	13.00	25.00	30.00	31.00
微量元素/ppm	Cu	34.90	34.10	30.10	30.50	37.00	35.50	33.10	48.90	77.30	64.30	195.00	142.00
	Cr	1 620	1 790	1 910	1 660	1 710	1 790	1 700	1 390	1 340	1 150	1 120	1 140
	La	7.31	5.64	5.23	4.65	5.40	4.86	4.94	5.08	5.06	3.63	4.57	3.31
	Ce	18.50	15.30	15.50	13.70	15.30	14.10	14.10	14.70	15.30	11.60	12.60	10.80
	Pr	3.20	2.75	2.95	2.60	2.84	2.65	2.65	2.76	2.89	2.32	2.22	2.18
	Nd	16.40	14.50	15.60	14.20	15.30	14.30	14.50	15.00	15.80	12.80	11.80	12.30
	Sm	4.31	3.81	4.37	3.97	4.12	4.02	4.16	4.17	4.46	3.72	3.14	3.59
	Eu	1.38	1.30	1.49	1.32	1.39	1.29	1.35	1.42	1.44	1.26	1.08	1.23
	Gd	4.51	4.01	4.43	3.99	4.13	3.89	4.16	4.28	4.29	3.70	3.33	3.70
	Tb	0.60	0.53	0.63	0.57	0.59	0.56	0.59	0.62	0.64	0.52	0.44	0.51
	Dy	2.89	2.66	3.09	2.71	2.76	2.65	2.86	2.92	2.97	2.56	2.26	2.51
	Ho	0.56	0.49	0.57	0.51	0.52	0.52	0.53	0.54	0.55	0.49	0.41	0.46
	Er	1.31	1.14	1.28	1.20	1.17	1.14	1.24	1.21	1.27	1.09	0.94	1.05
	Tm	0.14	0.13	0.15	0.14	0.14	0.14	0.14	0.14	0.16	0.13	0.11	0.12
	Yb	0.90	0.79	0.88	0.79	0.84	0.79	0.86	0.83	0.92	0.73	0.64	0.69
	Lu	0.12	0.10	0.12	0.10	0.11	0.10	0.12	0.11	0.12	0.09	0.09	0.09
	ΣREE	62.12	53.14	56.28	50.44	54.60	51.00	52.20	53.77	55.86	44.63	43.62	42.55

表 4-1(续)

岩相带		下部岩相带							中部岩相带				
样品编号		HG0	HG1	HG2	HG3	HG4	HG5	HG6	HG8	HG9	HG10	HG11	HG12
岩石类型		橄榄辉石岩	辉石岩	橄榄辉石岩	橄榄辉石岩	辉石岩	橄榄辉石岩	橄榄辉石岩	辉石岩	辉石岩	辉石岩	橄榄辉石岩	橄榄辉石岩
高度/m		0.00	0.50	3.00	3.50	4.00	6.50	7.00	12.00	13.00	25.00	30.00	31.00
微量元素/ppm	V	461	533	559	566	565	525	605	657	659	711	482	576
	Ni	533.00	693.00	621.00	609.00	515.00	603.00	571.00	314.00	334.00	358.00	412.00	346.00
	Cu	34.90	34.10	30.10	30.50	37.00	35.50	33.10	48.90	77.30	64.30	195.00	142.00
	Ge	1.62	1.59	1.83	1.72	1.74	1.81	1.74	1.73	1.76	1.67	1.58	1.74
	Rb	2.04	2.06	1.05	1.06	0.91	1.10	1.01	1.99	1.12	0.86	1.66	0.64
	Sr	160	143	123	120	114	127	117	132	140	114	113	116
	Y	12.70	11.10	13.00	11.70	12.10	11.60	12.10	12.40	12.80	11.10	9.12	10.20
	Zr	56.70	47.30	49.70	47.30	53.20	48.10	49.50	56.70	58.00	50.80	33.80	37.00
	Nb	7.01	5.89	4.32	4.45	7.72	5.96	4.92	7.52	7.89	7.42	3.10	2.50
	Ba	24	31	14	18	15	20	17	24	21	15	22	7
	Hf	2.18	1.95	2.10	1.95	2.17	1.97	2.10	2.24	2.31	2.05	1.43	1.80
	Ta	0.61	0.52	0.38	0.41	0.66	0.53	0.43	0.68	0.71	0.69	0.28	0.26
	Th	0.69	0.36	0.28	0.25	0.29	0.23	0.27	0.28	0.25	0.14	0.31	0.12
	U	0.17	0.12	0.08	0.07	0.08	0.08	0.08	0.09	0.07	0.05	0.12	0.05
	La/Ta	12.03	10.80	13.59	11.36	8.23	9.19	11.58	7.52	7.15	5.23	16.59	12.70
	Ba/Th	34	85	51	73	54	89	63	84	84	107	70	58
	Nb/La	0.96	1.04	0.83	0.96	1.43	1.23	1.00	1.48	1.56	2.04	0.68	0.76
	Th/Ta	1.14	0.69	0.72	0.62	0.43	0.43	0.62	0.42	0.35	0.20	1.12	0.45
	(La/Yb)n	5.85	5.15	4.25	4.24	4.63	4.43	4.11	4.41	3.95	3.57	5.15	3.45

表 4-1(续)

岩相带		中部岩相带											上部岩相带
样品编号		HG13	HG14	HG15	HG16	HG17	HG18	HG19	HG20	HG21	HG22	HG23	HG24
岩石类型		辉石岩	辉石岩	橄榄辉石岩	辉石岩	辉石岩	含矿辉石岩	含矿辉石岩	橄榄辉石岩	块状矿石	块状矿石	橄榄辉石岩	辉石岩
高度/m		44.00	47.00	49.00	65.00	68.00	75.00	78.00	82.00	87.00	90.00	102.00	110.00
主量元素/wt%	SiO_2	33.77	36.32	37.26	34.83	34.79	22.15	23.28	38.16	16.85	11.26	36.31	41.71
	TiO_2	9.17	12.65	5.27	12.89	8.55	9.43	8.93	4.88	21.49	13.45	5.52	3.12
	Al_2O_3	3.90	3.81	3.97	3.99	4.39	3.10	3.23	4.17	3.15	3.48	4.60	4.16
	Fe_2O_3	28.01	19.55	24.05	20.24	27.82	38.23	38.11	21.56	44.67	56.07	22.87	13.74
	MnO	0.20	0.19	0.19	0.18	0.19	0.24	0.25	0.17	0.29	0.21	0.16	0.14
	MgO	12.64	12.26	15.47	12.06	11.88	20.77	21.35	13.84	7.24	13.75	11.84	18.87
	CaO	12.42	14.17	12.23	14.02	13.38	1.73	1.86	14.47	6.08	0.08	12.88	17.87
	Na_2O	0.29	0.21	0.27	0.22	0.28	0.46	0.08	0.31	0.17	0.02	0.32	0.08
	K_2O	0.05	0.04	0.05	0.03	0.04	0.08	0.03	0.06	0.02	0.01	0.06	0.01
	P_2O_5	0.05	0.10	0.17	0.26	0.08	0.08	0.13	0.12	0.03	0.03	0.07	0.42
	LOI	trace	0.71	1.07	0.64	0.01	2.59	2.75	0.77	trace	1.95	5.72	0.08
	Mg-no.	47	56	56	54	46	52	53	56	24	33	51	73
	P_2O_5/K_2O	1.1	2.67	3.16	8.57	2.02	1.08	3.75	2.04	1.14	32.42	0.61	1.42
	Total	100.50	99.29	98.93	98.72	101.40	96.27	97.26	97.74	100.00	98.36	94.61	100.13

表 4-1(续)

岩相带		中部岩相带											上部岩相带
样品编号		HG13	HG14	HG15	HG16	HG17	HG18	HG19	HG20	HG21	HG22	HG23	HG24
岩石类型		辉石岩	辉石岩	橄榄辉石岩	辉石岩	辉石岩	含矿辉石岩	含矿辉石岩	橄榄辉石岩	块状矿石	块状矿石	橄榄辉石岩	辉石岩
高度/m		44.00	47.00	49.00	65.00	68.00	75.00	78.00	82.00	87.00	90.00	102.00	110.00
微量元素/ppm	Cu	314.00	246.00	101.00	258.00	225.00	65.10	68.00	152.00	141.00	189.00	199.00	117.00
	Cr	1 620	163	1 150	135	475	3 850	3 750	1 220	82	6 300	885	2 360
	La	3.41	6.54	6.09	9.82	5.12	2.22	2.83	6.15	1.01	0.54	4.91	2.49
	Ce	10.80	18.20	15.60	23.80	14.40	4.81	6.07	16.40	3.26	1.15	13.40	7.08
	Pr	2.10	3.24	2.69	3.98	2.60	0.69	0.89	2.89	0.66	0.17	2.43	1.32
	Nd	11.80	17.40	14.00	20.30	13.90	3.27	4.13	15.40	3.65	0.90	12.90	7.36
	Sm	3.45	4.83	3.73	5.28	3.77	0.74	0.91	4.03	1.20	0.21	3.55	2.06
	Eu	1.09	1.55	1.22	1.72	1.27	0.24	0.30	1.36	0.39	0.06	1.17	0.70
	Gd	3.34	4.89	3.61	5.33	3.88	0.70	0.87	4.03	1.17	0.19	3.34	2.08
	Dy	2.31	3.36	2.43	3.49	2.60	0.46	0.58	2.74	0.82	0.16	2.37	1.44
	Ho	0.44	0.64	0.45	0.68	0.47	0.09	0.11	0.51	0.16	0.03	0.44	0.28
	Er	1.02	1.41	1.05	1.56	1.11	0.23	0.28	1.16	0.35	0.09	1.00	0.61
	Tm	0.11	0.17	0.12	0.18	0.12	0.03	0.03	0.14	0.04	0.01	0.11	0.07
	Yb	0.69	1.02	0.68	1.07	0.79	0.18	0.21	0.80	0.28	0.06	0.68	0.44
	Lu	0.10	0.15	0.09	0.15	0.10	0.03	0.03	0.10	0.04	0.01	0.09	0.06
	ΣREE	41.13	64.07	52.28	78.12	50.68	13.78	17.35	56.27	13.19	3.60	46.91	26.28
	V	909	525	674	548	903	1 150	1 160	649	1 530	1 700	803	1 160
	Ni	318.00	349.00	395.00	518.00	215.00	752.00	599.00	252.00	83.20	1030.00	204.00	443.00

表 4-1(续)

岩相带		中部岩相带											上部岩相带
样品编号		HG13	HG14	HG15	HG16	HG17	HG18	HG19	HG20	HG21	HG22	HG23	HG24
岩石类型		辉石岩	辉石岩	橄榄辉石岩	辉石岩	辉石岩	含矿辉石岩	含矿辉石岩	橄榄辉石岩	块状矿石	块状矿石	橄榄辉石岩	辉石岩
高度/m		44.00	47.00	49.00	65.00	68.00	75.00	78.00	82.00	87.00	90.00	102.00	110.00
微量元素/ppm	Cu	314.00	246.00	101.00	258.00	225.00	65.10	68.00	152.00	141.00	189.00	199.00	117.00
	Ge	1.72	1.46	1.56	1.49	1.54	0.92	0.98	1.67	1.01	1.09	1.67	1.37
	Rb	0.80	0.54	1.64	0.57	0.77	0.81	0.98	1.82	0.46	0.33	1.43	0.66
	Sr	105	96	111	93	112	40	48	160	36	8	132	72
	Y	9.60	13.70	10.40	15.10	10.70	2.11	2.69	11.50	3.72	0.66	9.77	6.07
	Zr	50.80	92.30	43.80	105.00	53.10	27.40	25.10	48.90	60.10	15.40	44.90	31.80
	Nb	9.71	25.20	4.80	26.70	7.69	7.02	6.10	5.26	14.10	3.18	3.90	4.97
	Ba	13	7	16	7	11	17	19	38	6	15	23	11
	Hf	2.07	3.49	1.85	3.63	2.19	0.89	0.88	1.93	2.34	0.61	1.93	1.36
	Ta	0.94	2.37	0.44	2.47	0.75	0.64	0.53	0.44	1.77	0.38	0.34	0.47
	Th	0.18	0.42	0.34	0.98	0.39	0.22	0.25	0.45	0.07	0.07	0.41	0.14
	U	0.05	0.13	0.10	0.26	0.12	0.07	0.09	0.13	0.04	0.07	0.12	0.05
	La/Ta	3.61	2.76	13.98	3.97	6.79	3.48	5.30	13.98	0.57	1.42	14.43	5.27
	Ba/Th	70	17	46	7	28	75	77	83	83	206	57	82
	Nb/La	2.85	3.85	0.79	2.72	1.50	3.16	2.16	0.86	13.96	5.92	0.79	2.00
	Th/Ta	0.19	0.18	0.79	0.40	0.52	0.35	0.46	1.03	0.04	0.19	1.19	0.29
	(La/Yb)n	3.52	4.60	6.43	6.58	4.66	8.90	9.71	5.54	2.62	6.85	5.20	4.11

表 4-1(续)

岩相带		上部岩相带							白草				板房箐
样品编号		HG25	HG26	HG27	HG28	HG30	HG31	HG32	BC-1	BC-2	BC-3	BC-4	BFQ-1
岩石类型		辉长岩	块状矿石	含矿辉长岩	辉长岩	含矿辉长岩	辉长岩	辉长岩	低钛玄武岩	低钛玄武岩	高钛玄武岩	高钛玄武岩	高钛玄武岩
高度/m		115.00	119.00	125.00	139.00	145.00	147.00	148.00					
主量元素/wt%	SiO_2	45.88	6.35	5.90	28.03	24.03	39.23	44.55	48.14	48.75	53.16	51.53	45.89
	TiO_2	2.35	16.81	16.89	5.11	8.01	2.96	2.25	1.76	1.77	3.69	3.68	3.73
	Al_2O_3	3.16	3.94	4.11	11.59	3.12	3.93	3.53	15.61	15.69	16.28	15.86	12.41
	Fe_2O_3	11.49	64.60	65.86	18.15	39.39	13.17	11.80	10.69	10.83	7.63	9.56	15.54
	MnO	0.12	0.31	0.31	0.21	0.25	0.13	0.11	0.17	0.16	0.24	0.25	0.22
	MgO	18.68	7.86	7.07	15.69	23.84	17.95	18.04	6.04	6.14	3.45	3.92	5.47
	CaO	18.53	0.16	0.04	13.78	0.61	16.91	18.38	10.09	9.21	8.80	9.11	11.96
	Na_2O	0.09	0.06	0.09	1.24	0.08	0.05	0.03	3.33	3.76	4.74	4.45	2.83
	K_2O	0.04	0.02	0.02	1.26	0.03	0.01	0.01	1.23	1.31	1.56	1.40	0.82
	P_2O_5	0.02	0.02	0.01	1.80	0.07	0.41	0.03	0.40	0.40	0.53	0.55	0.70
	LOI	0.15	0.13	0.08	2.32	0.54	5.71	0.21	3.10	2.89	0.58	0.25	1.15
	Mg-no.	76	20	18	63	56	73	75	53	53	47	45	41
	Total	100.36	100.13	100.30	96.86	99.44	94.76	98.74	100.55	100.92	100.66	100.57	100.72
	P_2O_5/K_2O	1.99	31.27	3.12	0.69	0.77	1.24	3.58					

表 4-1(续)

岩相带		上部岩相带							白草				板房箐
样品编号		HG25	HG26	HG27	HG28	HG30	HG31	HG32	BC-1	BC-2	BC-3	BC-4	BFQ-1
岩石类型		辉长岩	块状矿石	含矿辉长岩	辉长岩	含矿辉长岩	辉长岩	辉长岩	低钛玄武岩	低钛玄武岩	高钛玄武岩	高钛玄武岩	高钛玄武岩
高度/m		115.00	119.00	125.00	139.00	145.00	147.00	148.00					
微量元素/ppm	Cu	212.00	162.00	221.00	60.50	19.80	499.00	492.00	67.63	64.12	40.44	54.56	52.19
	Cr	177	1440	4630	63	51	4 640	946	76	63	46	39	65
	La	2.55	2.93	0.27	30.80	3.10	1.92	11.80	29.50	29.30	64.80	237.00	19.00
	Ce	8.20	8.28	0.60	68.40	7.83	3.46	28.50	58.60	57.90	140.00	431.00	43.10
	Pr	1.74	1.56	0.08	10.60	1.57	0.50	4.60	6.72	6.66	17.50	44.10	5.97
	Nd	10.20	8.41	0.35	49.90	9.07	2.21	22.50	26.90	26.90	72.60	153.00	27.90
	Sm	3.07	2.36	0.08	11.00	2.78	0.56	5.47	4.93	5.07	13.90	22.60	5.92
	Eu	1.00	0.83	0.03	3.73	1.43	0.18	1.69	1.74	1.69	4.05	4.64	2.68
	Gd	3.19	2.41	0.08	9.87	2.84	0.50	5.05	4.71	4.78	11.56	18.84	5.53
	Tb	0.44	0.35	0.01	1.35	0.43	0.07	0.72	0.74	0.76	1.84	2.62	0.81
	Dy	2.17	1.71	0.06	6.04	2.22	0.37	3.38	4.21	4.22	9.55	12.40	4.11
	Ho	0.38	0.31	0.01	1.14	0.43	0.07	0.64	0.81	0.88	1.74	2.25	0.76
	Er	0.87	0.68	0.03	2.69	1.07	0.16	1.49	2.40	2.44	4.61	6.23	1.91
	Tm	0.10	0.08	0.00	0.29	0.14	0.02	0.17	0.35	0.34	0.61	0.81	0.22
	Yb	0.62	0.45	0.03	1.71	0.81	0.12	0.89	2.10	2.13	3.48	4.97	1.34
	Lu	0.08	0.06	0.01	0.23	0.11	0.02	0.12	0.31	0.31	0.49	0.75	0.19
	ΣREE	34.62	30.42	1.64	197.77	33.81	10.15	87.01	144.02	143.39	346.73	941.21	119.45
	V	868	313	2 190	431	368	1 020	295	246	241	238	251	403

表 4-1(续)

岩相带		上部岩相带							白草				板房箐
样品编号		HG25	HG26	HG27	HG28	HG30	HG31	HG32	BC-1	BC-2	BC-3	BC-4	BFQ-1
岩石类型		辉长岩	块状矿石	含矿辉长岩	辉长岩	含矿辉长岩	辉长岩	辉长岩	低钛玄武岩	低钛玄武岩	高钛玄武岩	高钛玄武岩	高钛玄武岩
高度/m		115.00	119.00	125.00	139.00	145.00	147.00	148.00					
微量元素/ppm	Ni	119.00	424.00	742.00	71.30	113.00	1 170.00	1 070.00	55.80	52.20	18.60	13.20	75.90
	Cu	212.00	162.00	221.00	60.50	19.80	499.00	492.00	67.63	64.12	40.44	54.56	52.19
	Ge	1.43	1.48	0.96	1.37	1.51	0.93	1.57	1.58	1.58	2.25	2.58	1.79
	Rb	0.50	0.42	0.12	34.30	39.50	0.63	0.60	76.60	86.30	45.20	44.00	5.64
	Sr	88	55	4	992	1 260	14	68	887	905	834	810	520
	Y	9.03	8.20	0.79	27.40	11.20	3.82	16.10	22.70	22.90	47.00	61.20	19.10
	Zr	55.10	31.70	20.40	86.90	31.60	30.80	72.80	129.00	129.00	320.00	865.00	61.70
	Nb	10.30	0.72	3.53	16.40	5.32	2.75	5.91	20.30	20.30	133.00	194.00	17.10
	Ba	15	4	2	604	425	12	5	545	563	702	679	334
	Hf	2.39	1.29	0.74	2.64	1.25	0.98	2.47	3.22	3.23	7.96	19.20	2.03
	Ta	1.04	0.07	0.41	1.20	0.47	0.24	0.43	1.09	1.06	5.11	6.95	1.07
	Th	0.08	0.19	0.04	1.56	0.03	0.13	0.91	3.76	3.84	3.92	29.40	0.88
	U	0.05	0.09	0.04	0.40	0.04	0.16	0.22	0.78	0.78	1.43	4.66	0.25
	La/Ta	2.45	43.68	0.66	25.71	6.63	7.90	27.37	27.13	27.56	12.69	34.10	17.74
	Ba/Th	185	23	56	387	16 537	89	6	145	147	179	23	378
	Nb/La	4.04	0.24	13.17	0.53	1.72	1.43	0.50	0.69	0.69	2.05	0.82	0.90
	Th/Ta	0.08	2.77	0.10	1.30	0.05	0.54	2.11	3.46	3.61	0.77	4.23	0.83
	(La/Yb)n	2.94	4.67	5.56	12.92	2.75	11.57	9.54					

表 4-1(续)

	岩相带	板房箐									
	样品编号	BFQ-2	BFQ-3	BFQ-4	BFQ-5	BFQ-6	BFQ-7	BFQ-8	BFQ-9	BFQ-10	BFQ-11
	岩石类型	高钛玄武岩	高钛玄武岩	高钛玄武岩	高钛玄武岩	高钛玄武岩	低钛玄武岩	高钛玄武岩	高钛玄武岩	高钛玄武岩	高钛玄武岩
	高度/m										
主量元素/wt%	SiO_2	45.57	48.34	45.03	45.18	45.23	49.11	45.02	48.87	45.55	50.27
	TiO_2	3.96	3.36	3.65	3.77	3.73	1.20	4.25	2.05	4.02	3.88
	Al_2O_3	12.53	14.09	11.57	11.70	12.05	16.03	12.10	14.63	15.11	14.34
	Fe_2O_3	15.87	13.81	15.09	15.44	15.04	10.87	16.08	13.11	15.40	13.09
	MnO	0.22	0.20	0.21	0.22	0.21	0.17	0.25	0.20	0.21	0.21
	MgO	5.22	5.58	8.61	8.79	8.06	6.85	8.04	6.69	6.56	4.05
	CaO	10.26	8.81	11.24	11.59	10.21	8.60	11.69	9.12	11.20	10.12
	Na_2O	3.26	4.24	3.95	3.65	4.03	3.50	1.18	1.15	1.16	2.70
	K_2O	0.96	1.32	0.61	0.41	1.17	1.26	0.85	1.27	0.67	0.94
	P_2O_5	0.78	0.42	0.36	0.36	0.34	0.38	0.42	0.46	0.34	0.47
	LOI	1.25	0.79	0.04	0.15	1.28	2.96	0.62	2.07	0.25	0.76
	Mg-no.	40	45	53	53	52	56	50	51	46	38
	Total	99.89	100.96	100.37	101.27	101.34	100.93	100.49	99.62	100.48	100.82

表 4-1(续)

岩相带		板房箐									
样品编号		BFQ-2	BFQ-3	BFQ-4	BFQ-5	BFQ-6	BFQ-7	BFQ-8	BFQ-9	BFQ-10	BFQ-11
岩石类型		高钛玄武岩	高钛玄武岩	高钛玄武岩	高钛玄武岩	高钛玄武岩	低钛玄武岩	高钛玄武岩	高钛玄武岩	高钛玄武岩	高钛玄武岩
高度/m											
微量元素/ppm	Cu	41.32	41.93	31.84	40.35	32.54	66.84	31.32	68.60	19.04	44.12
	Cr	31	87	266	268	288	66	259	87	43	45
	La	21.50	55.30	20.60	19.30	18.00	27.40	24.60	22.40	15.40	47.70
	Ce	48.00	115.00	51.40	48.70	46.10	54.60	60.30	43.10	36.40	102.00
	Pr	6.56	14.00	7.19	7.03	6.62	6.29	8.29	5.01	4.97	13.00
	Nd	30.60	56.40	34.10	33.60	32.30	25.10	39.20	21.20	24.10	53.90
	Sm	6.61	10.30	7.61	7.78	7.39	4.62	8.58	4.42	5.86	10.30
	Eu	3.03	3.18	2.55	2.60	2.45	1.71	2.74	1.59	2.13	3.17
	Gd	5.90	8.52	7.15	7.06	6.74	4.45	7.92	4.66	5.65	8.72
	Tb	0.91	1.28	1.08	1.12	1.11	0.77	1.25	0.79	0.88	1.29
	Dy	4.59	5.95	5.79	5.88	5.64	4.16	6.27	4.74	4.58	6.30
	Ho	0.82	1.11	1.06	1.08	1.04	0.85	1.18	0.97	0.87	1.20
	Er	2.09	2.99	2.87	2.82	2.69	2.44	3.12	2.75	2.22	3.19
	Tm	0.26	0.37	0.35	0.35	0.34	0.33	0.41	0.40	0.29	0.42
	Yb	1.42	2.33	2.06	2.09	2.08	2.04	2.43	2.39	1.76	2.45
	Lu	0.22	0.31	0.30	0.30	0.30	0.31	0.35	0.37	0.24	0.36
	ΣREE	132.52	277.05	144.1	139.72	132.8	135.07	166.63	114.79	105.36	254

表 4-1(续)

岩相带		板房箐									
样品编号		BFQ-2	BFQ-3	BFQ-4	BFQ-5	BFQ-6	BFQ-7	BFQ-8	BFQ-9	BFQ-10	BFQ-11
岩石类型		高钛玄武岩	高钛玄武岩	高钛玄武岩	高钛玄武岩	高钛玄武岩	低钛玄武岩	高钛玄武岩	高钛玄武岩	高钛玄武岩	高钛玄武岩
高度/m											
微量元素/ppm	V	404	341	389	404	412	233	388	318	423	348
	Ni	64.00	17.00	68.10	67.60	70.50	61.00	62.40	61.90	24.20	27.00
	Cu	41.32	41.93	31.84	40.35	32.54	66.84	31.32	68.60	19.04	44.12
	Ge	1.66	1.92	1.95	2.01	1.93	1.45	2.12	1.52	1.84	2.06
	Rb	7.61	41.40	27.20	16.00	74.00	61.20	41.00	43.50	33.40	40.90
	Sr	860	1 070	606	588	673	776	648	448	603	1 080
	Y	21.00	27.80	26.20	26.20	25.50	22.70	29.20	27.50	22.60	30.00
	Zr	67.00	207.00	94.40	87.40	97.30	119.00	93.10	99.60	90.30	179.00
	Nb	18.60	62.30	30.90	31.30	30.00	18.20	34.30	20.90	27.50	66.80
	Ba	747	547	200	157	215	976	161	681	90	294
	Hf	2.27	5.71	2.87	2.78	3.04	3.05	3.08	2.41	2.59	5.02
	Ta	1.14	3.74	1.96	2.00	1.94	0.98	2.13	0.97	1.73	3.71
	Th	0.95	5.07	0.72	0.55	0.58	3.57	0.76	2.40	1.64	1.63
	U	0.27	1.14	0.17	0.15	0.16	0.77	0.19	0.41	0.19	0.79
	La/Ta	18.80	14.80	10.48	9.66	9.27	27.89	11.53	23.18	8.89	12.85
	Ba/Th	788	108	276	285	369	273	212	284	55	180
	Nb/La	0.87	1.13	1.50	1.62	1.67	0.66	1.39	0.93	1.79	1.40
	Th/Ta	0.83	1.36	0.37	0.28	0.30	3.63	0.36	2.48	0.95	0.44

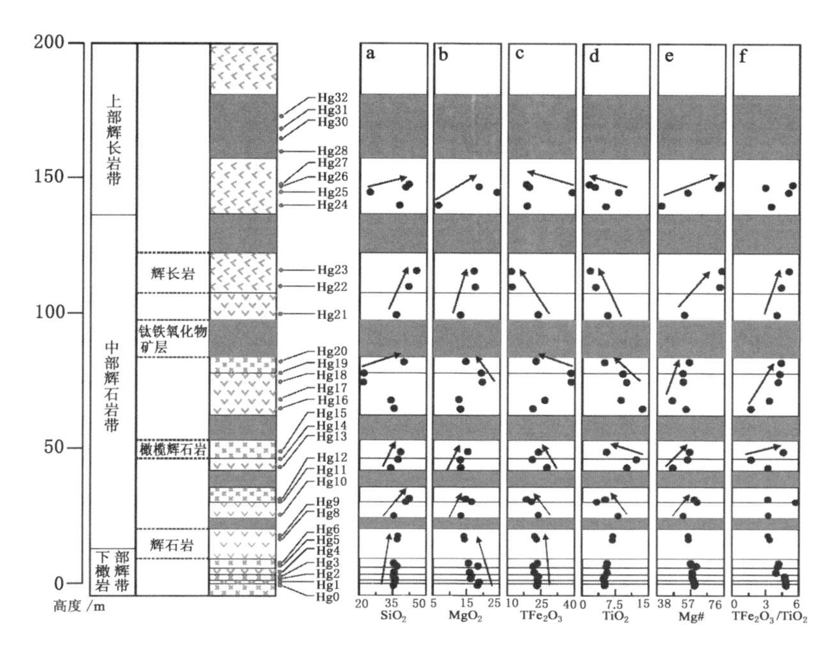

图 4-1　红格岩体全岩主量元素柱状图

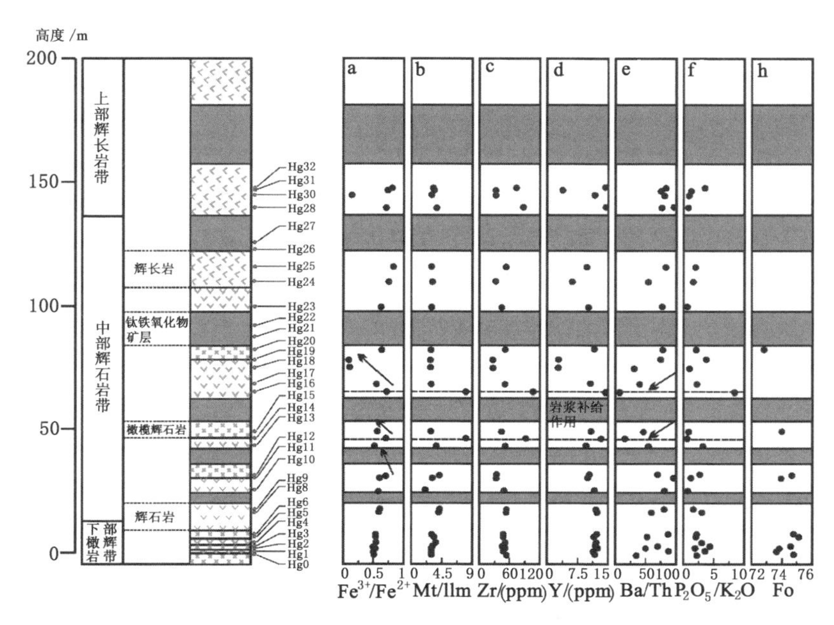

图 4-2　红格岩体全岩微量元素及特征元素比值柱状图

红格层状岩体不同岩石类型的主量元素变化如图 4-3 所示。SiO_2、CaO、FeO_t、TiO_2、Al_2O_3、K_2O+Na_2O 与 MgO 呈负相关关系[见图 4-3(a)～(f)]表明岩体中橄榄石、钛铁氧化物、单斜辉石以及斜长石是在岩浆固化过程中晶出的。而中部带辉石岩的 FeOt 和 TiO_2 含量[见图 4-3(a)、(d)]比下部带橄榄辉石岩高，表明中部带母岩浆更加富 Fe 和 Ti。

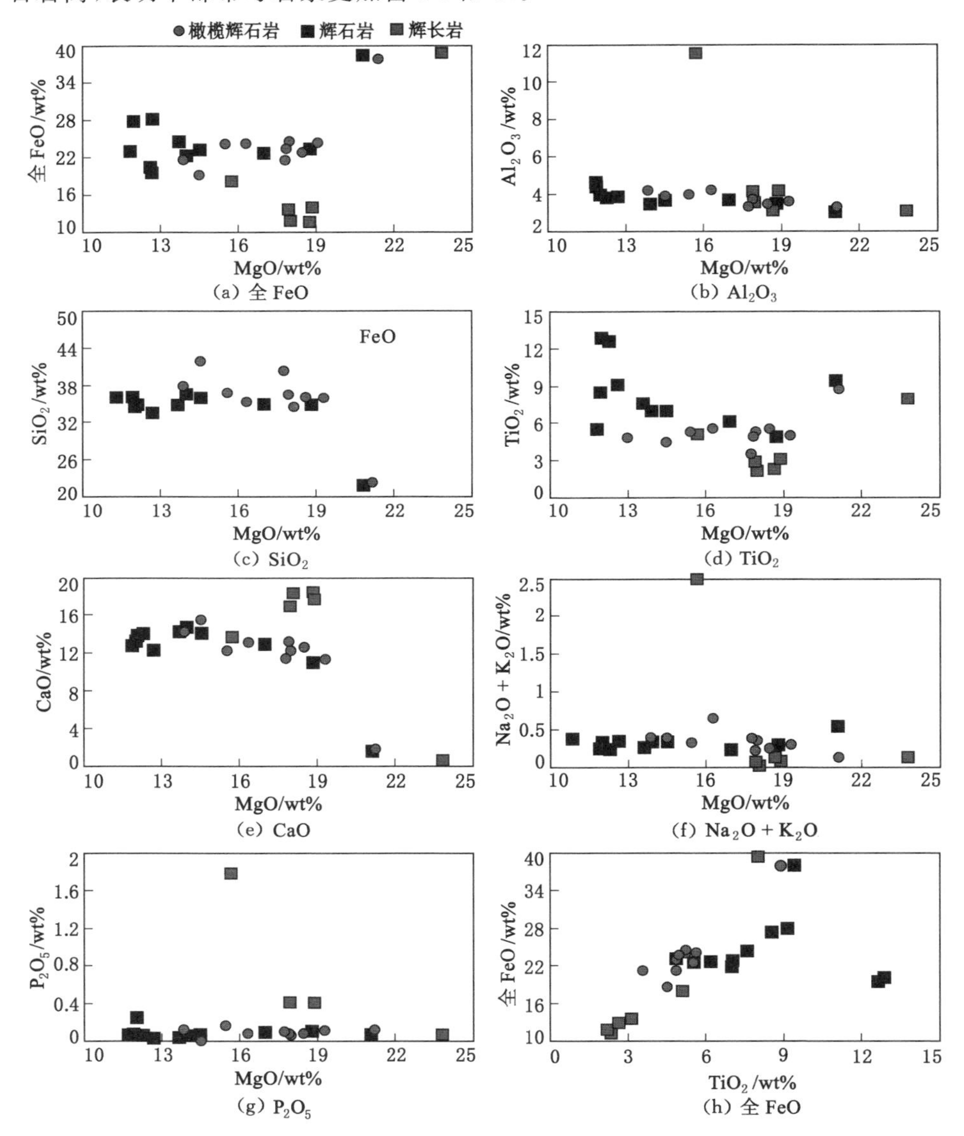

图 4-3　红格岩体不同岩石类型主要氧化物对 MgO 或 TiO_2 图解

4.2　全岩微量元素地球化学

红格层状岩体各类岩石全岩微量元素分析结果列于表 4-1。全部样品的球粒 陨石标准化稀土配分图[见图 4-4(a)、(b)、(c)]以及板房箐和白草玄武岩的原始地幔标准化微量元素图[见图 4-5(c)]表现为以下特征：轻稀土元素(LREE)比重稀土元素(HREE)富集、Eu 正异常以及总体上与洋岛玄武岩具有类似的分配趋势。此外，在原始地幔标准化微量元素图[见图 4-5(a)、(b)]中，橄榄辉石岩及单斜辉石岩的微量元素分布与龙帚山高钛玄武岩差异较大，而板

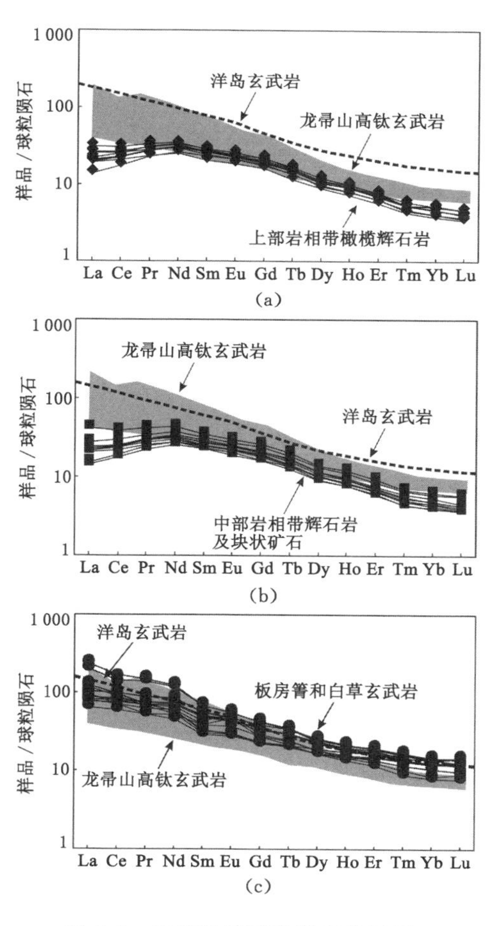

图 4-4　红格岩体球粒陨石蛛网图

房箐和白草玄武岩则与龙帚山高钛玄武岩较为相似。大部分样品同样表现出中等的 Sr、Y、Zr、Hf 负异常以及较大的 Ba、Nb、Ta 正异常[见图 4-5(a)、(b)、(c)]。堆晶岩中 V 和 Zr 的含量分别为 295～1 160 ppm 和 34～105 ppm，而其中块状矿石的 Ni 含量在 113～1 030 ppm(平均值为 535 ppm)，比 Cu 的含量(20～221 ppm，平均值为124 ppm)高。

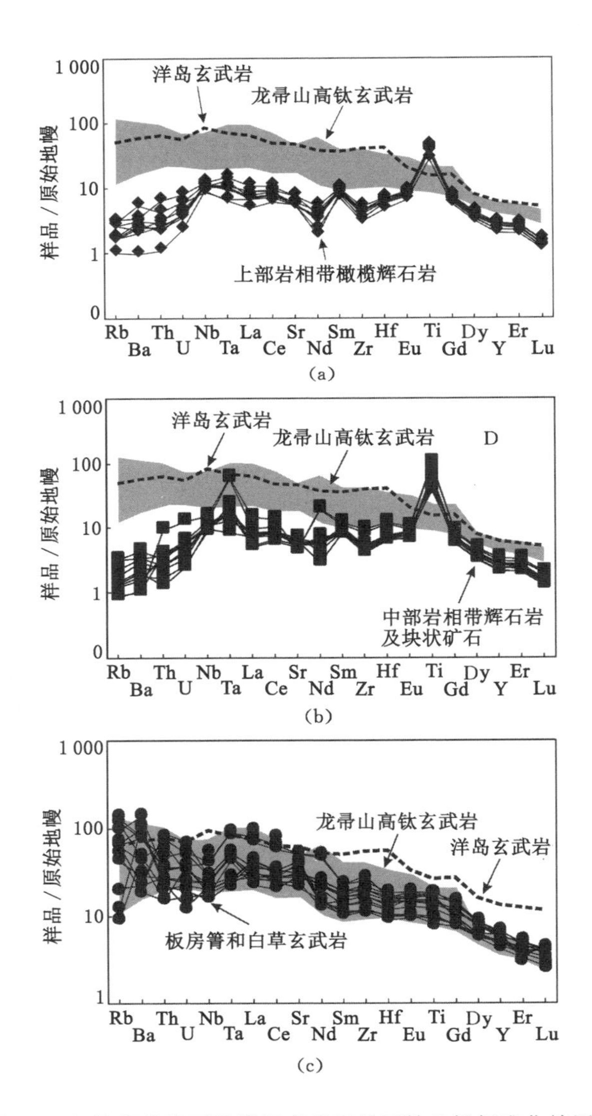

图 4-5　红格岩体岩石及附近玄武岩的原始地幔标准化蛛网图

4.3 Sr-Nd 同位素

红格岩体及其东北部白草板房箐玄武岩全岩 Sr、Nd 同位素含量测试结果见表 4-2。如图 4-6 所示，全部红格样品的($^{87}Sr/^{86}Sr$)$_{259Ma}$值落在洋岛玄武岩区域之内并且比峨眉山高钛玄武岩具有更窄的分布区域。通过计算得到的红格侵入岩的 εNd(i)值和$^{87}Sr/^{86}Sr$ (t=259 Ma)值分别为−0.4 到−2.7 以及 0.705 7 到 0.706 3 之间。然而，白草及板房箐玄武岩的 εNd$_{259Ma}$值和 ($^{87}Sr/^{86}Sr$)$_{259Ma}$值分别为−1.0 到−5.8 以及 0.705 3 到 0.708 4 之间。红格样品在图 4-6 中基本落在同时代的攀枝花基性侵入体和峨眉山低钛玄武岩之间。

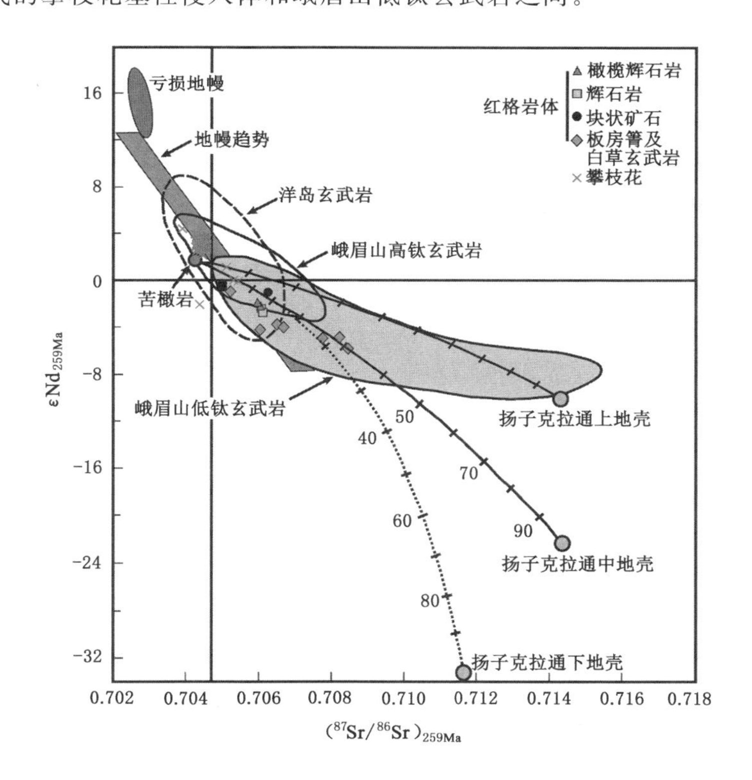

图 4-6　红格岩体全岩($^{87}Sr/^{86}Sr$)$_{259Ma}$与 εNd$_{259Ma}$相关图

表 4-2 红格岩岩石及其板房箐白草玄武岩全岩 Sr-Nd 同位素

样品	岩石类型	Rb	Sr	$(^{87}Sr/^{86}Sr)m$	$(^{87}Sr/^{86}Sr)i$	Sm	Nd	$(^{143}Nd/^{144}Nd)m$	$(^{143}Nd/^{144}Nd)i$	$\varepsilon Nd(i)$
HG0	橄榄辉石岩	2.04	160	0.706 195	0.706 059	4.31	16.4	0.512 521	0.511 991	−2.3
HG6	橄榄辉石岩	1.01	117	0.706 056	0.705 964	4.16	14.5	0.512 539	0.511 961	−1.9
HG18	单斜辉石岩	0.806	40.2	0.706 288	0.706 074	0.74	3.27	0.512 514	0.512 058	−2.4
HG19	橄榄辉石岩	0.983	47.6	0.706 343	0.706 123	0.909	4.13	0.512 500	0.512 056	−2.7
HG25	辉长岩	39.5	1 260	0.706 602	0.706 268	2.78	9.07	0.512 583	0.511 965	−1.1
HG28	含矿辉长岩	0.419	55	0.705 746	0.705 665	2.36	8.41	0.512 605	0.512 040	−0.6
HG31	含矿辉长岩	0.459	36.1	0.705 787	0.705 651	1.2	3.65	0.512 615	0.511 953	−0.4
BFQ-1	高钛玄武岩	5.64	520	0.705 394	0.705 278	5.92	27.9	0.512 585	0.512 157	−1.0
BFQ-4	高钛玄武岩	27.2	606	0.708 726	0.708 247	7.61	34.1	0.512 386	0.511 936	−4.9
BFQ-6	高钛玄武岩	74	673	0.708 929	0.707 756	7.39	32.3	0.512 383	0.511 922	−5.0
BFQ-8	高钛玄武岩	41.2	650	0.709 105	0.708 429	8.47	38.9	0.512 342	0.511 903	−5.8
BFQ-10	高钛玄武岩	33.4	603			5.86	24.1	0.512 307		
BFQ-11	高钛玄武岩	40.9	1 080	0.706 891	0.706 487	10.3	53.9	0.512 442	0.512 057	−3.8
BC-1	低钛玄武岩	76.6	887	0.706 963	0.706 042	4.93	26.9	0.512 421	0.512 052	−4.2
BC-4	高钛玄武岩	44	810	0.707 253	0.706 673	22.6	153	0.512 434	0.512 136	−4.0

4.4 铂族元素含量

红格岩体铂族元素含量及 Pt×10^6/Y、Pd/Pt、Cu/Pd 比值列于表 4-3。尽管红格侵入岩的总 PGE 含量很低(0.511～10.047 ppb,表 4-3),但仍然要比相邻的白草及板房箐玄武岩的总 PGE 含量要高。红格堆晶岩中较高的 Cu 含量(20～258 ppm)是与其含大量硫化物密不可分的。而较高的 Cr 含量(42.5～3 850 ppm,表 4-1)则可能是由于中部岩相带含有高 Cr(>2 360 ppm)的块状矿石所致。此外,侵入岩的 Cu/Pd 比值还明显高于该区域的玄武岩(见图 4-7)。红格侵入岩和白草板房箐玄武岩具有不同的 Ir、Pd、Pt 和 Rh 组分相关关系(见图 4-7)。当 Ir 含量降低时,样品中 Pd、Pt 和 Rh 含量急剧降低[见图 4-8(a)、(b)、(c)]。除了下部岩相带的样品(HG0)之外,几乎所有的 PGE 亏损样品的 Pd/Pt 比值都高于 Taylor 等[234]所提及的原始地幔的标准值[Pd/Pt =0.6,见图 4-8(d)]。此外,白草板房箐玄武岩比红格侵入岩有更低的 Ir 和 Pt 含量。

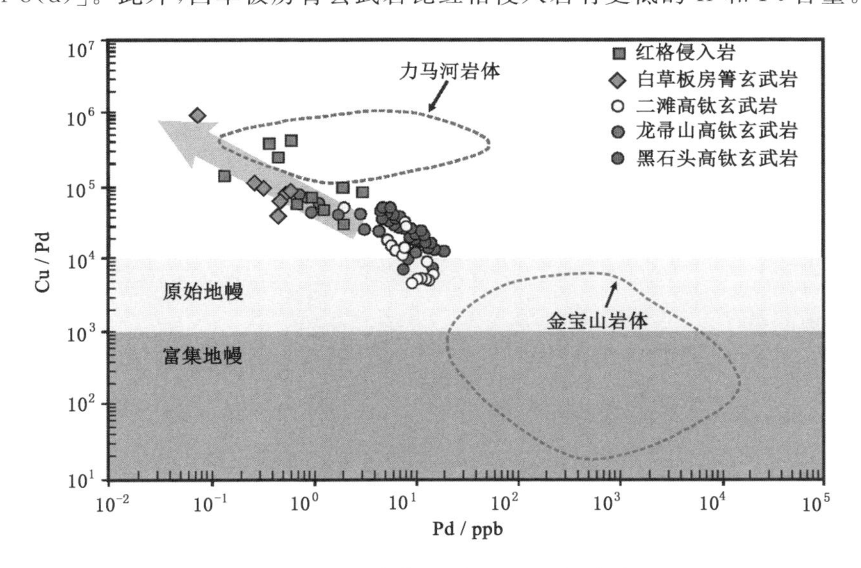

图 4-7　红格岩体 Pd 与 Cu/Pd 相关图

(图中参考数据来自 Marier 等[235]、Zhong 等[86]、Tao 等[228,236]、Qi 等[237]、Song 等[83]、Li 等[238],原始地幔的 Cu/Pd 比值范围引自 Taylor 等[234])

表 4-3　红格岩体及东北部白草板房箐玄武岩铂族元素含量分析

岩石类型	样品编号	Ru(ng/g)	Pd(ng/g)	Ir(ng/g)	Pt(ng/g)	Rh(ng/g)	∑PGE	Pt×10^6/Y	Pd/Pt	Cu/Pd
		11.336	2.588	16.178	2.227	100.000	132.329			
橄辉岩	HG0	0.885	0.687	0.344	2.592	0.127	4.635	2.041×10^5	0.265	5.083×10^4
橄辉岩	HG11	2.082	1.997	0.636	4.452	0.279	9.445	4.882×10^5	0.449	9.764×10^4
辉石岩	HG14	0.676	0.591	0.152	0.820	0.025	2.265	5.986×10^4	0.721	4.161×10^5
辉石岩	HG16	1.424	3.076	0.524	4.845	0.177	10.047	3.209×10^5	0.635	8.387×10^4
含矿辉石岩	HG18	2.127	2.026	0.173	2.617	0.125	7.068	1.240×10^6	0.774	3.214×10^4
含矿辉石岩	HG19	1.486	0.945	0.143	0.978	0.087	3.639	3.637×10^5	0.966	7.195×10^4
辉石岩	HG22	0.241	0.462	0.018	0.553	0.017	1.290	9.115×10^4	0.835	2.533×10^5
辉长岩	HG24	0.173	1.236	0.077	1.166	0.057	2.708	4.317×10^4	1.060	4.896×10^4
含矿辉长岩	HG25	0.424	0.140	0.008	0.045	0.012	0.630	3.981×10^3	3.144	1.413×10^5
块状矿石	HG31	0.375	0.383	0.024	0.372	0.032	1.186	9.999×10^4	1.030	3.679×10^5
低钛玄武岩	BC-1	0.387	0.075	0.008	0.036	0.005	0.511	1.606×10^3	2.058	9.013×10^5
高钛玄武岩	BFQ-1	0.361	0.598	0.100	1.196	0.084	2.340	6.263×10^4	0.500	8.721×10^4
高钛玄武岩	BFQ-4	0.175	0.321	0.006	0.128	0.014	0.643	4.879×10^3	2.511	9.923×10^4
高钛玄武岩	BFQ-6	0.131	0.278	0.006	0.050	0.019	0.484	1.975×10^3	5.519	1.171×10^5
高钛玄武岩	BFQ-8	0.136	0.478	0.005	0.108	0.018	0.744	3.685×10^3	4.442	6.551×10^4
高钛玄武岩	BFQ-10	0.137	0.453	0.008	0.161	0.018	0.776	7.122×10^3	2.815	4.201×10^4
高钛玄武岩	BFQ-11	0.191	0.537	0.014	0.196	0.012	0.951	6.525×10^3	2.745	8.190×10^4

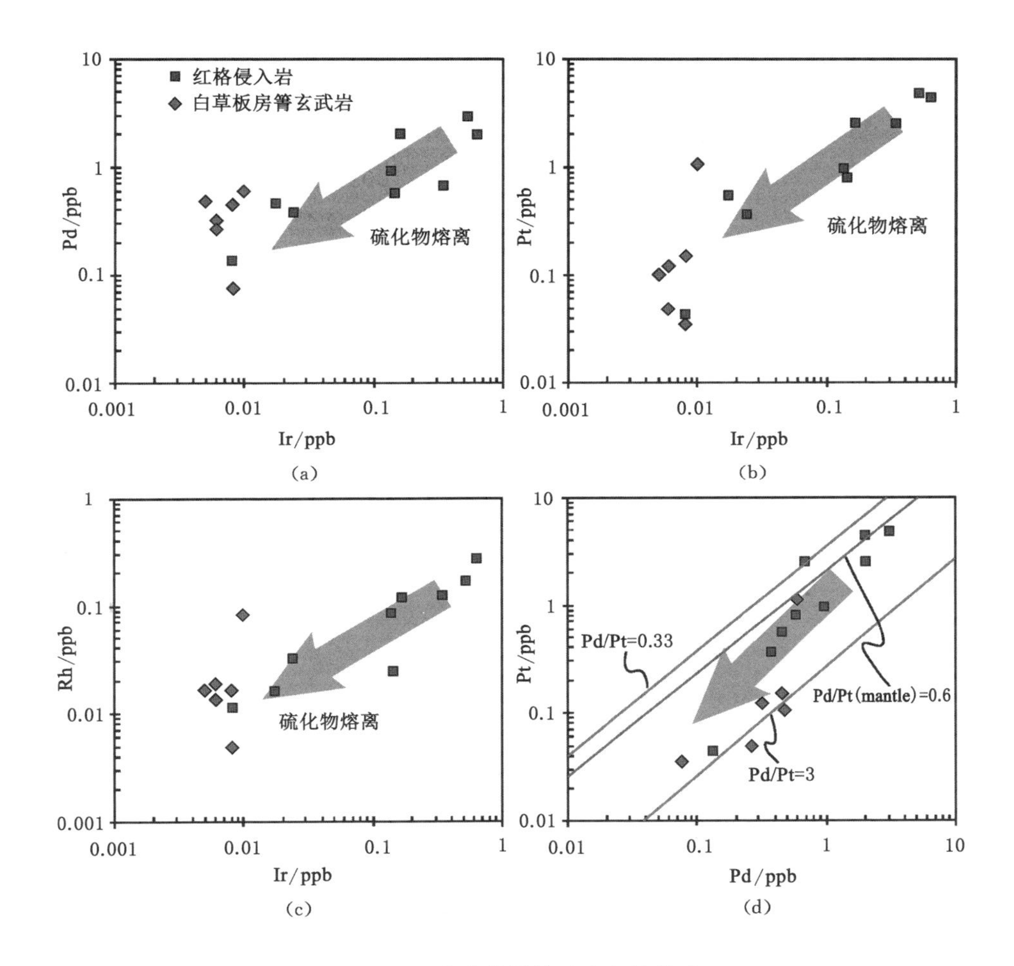

图 4-8　红格岩体铂族元素相关关系

（当 Ir 含量降低时，红格侵入岩和白草板房箐玄武岩的 Pd，Pt 以及 Rh 也同步减少见(a)、(b)和(c)。而侵入岩和玄武岩 Pt 和 Pd 含量呈共变关系见(d)。图中，1 ppb＝1×10^{-9}）

4.5　小结

红格岩体 SiO_2、CaO、Fe_2O_3、TiO_2、Al_2O_3、K_2O+Na_2O 与 MgO 呈负相关关系，表明岩体中橄榄石、钛铁氧化物、单斜辉石以及斜长石是在岩浆固化过程中晶出的。中部带辉石岩的 FeOt 和 TiO_2 含量比下部带橄榄辉石岩高，表明中部带母岩浆更加富 Fe 和 Ti。红格岩体原始地幔标准化微量元素图表现为以下特征:轻稀土元素(LREE)比重稀土元素(HREE)富集、Eu正异常以及总体上与洋岛玄武岩具有类似的分配趋势。红格侵入岩的总PGE含量很低,但仍然要比相邻的白草及板房箐玄武岩的总PGE含量要高。大部分PGE亏损样品的Pd/Pt比值都高于原始地幔的标准值。

第 5 章　红格岩体母岩浆及成矿氧逸度估算

5.1　概述

氧逸度(fO_2)是熔体氧化还原状态最具代表性的指示参数,因其直接控制着岩浆的氧化还原状态和对结晶矿物序列和组分的强烈影响,所以氧逸度通常被看作岩浆演化过程中的关键性控制因素[239-243]。Grove 等[244]认为拉斑玄武质岩浆通常会向岩浆铁富集的趋势演化(Fenner 趋势),而当岩浆体系内氧逸度升高时,原本向富硅方向演化(Bowen 趋势)的钙碱性岩浆也会在体系内提早结晶出氧化物。最近,Berndt 等[245]和 Feig 等[246]的研究表明,对于一个既定的拉板玄武质岩浆系列,不同的熔体氧化状态能够改变不同结晶矿物相的液相线温度以及结晶矿物的结晶顺序。因此,岩浆氧化还原状态能够为岩浆演化系列(例如,含水或者不含水)以及岩浆房内所发生的过程和反应提供有效的信息[247-248]。

攀西地区是我国重要的钒铁磁铁矿矿集区并蕴藏有世界级的钒钛磁铁矿矿床[196-197]。巨厚的钒钛磁铁矿矿层通常集中分布在攀枝花岩体和白马岩体的下部岩相带中,而红格岩体中具有经济价值的铁钛氧化物矿层则主要集中在中部岩相带(见图 5-1)。因此,我们认为相对于其他两个典型岩体(攀枝花和白马),红格岩体在岩浆演化和成矿作用上可能存在自己独特的过程。对于攀西地区不同岩体赋矿层位不同的独特现象,Pang 等[97]和 Bai 等[60]都认为系母岩浆的氧化状态不同所造成。Gannio 等[59]通过系统研究提出玄武质母岩浆与白云质灰岩反应产生的富 CO_2 流体提升了岩浆房内部的氧逸度,从而导致钛铁氧化物较早结晶并下沉到攀枝花岩体下部形成巨厚的钛铁氧化物矿层。类似地,Bai 等[185]认为红格岩体中部带的钛铁氧化物矿层是母岩浆同化混染下盘石灰岩使氧逸度升高所致。

然而在玄武质岩浆的演化过程中,是否存在高氧逸度是我们理解攀西地区

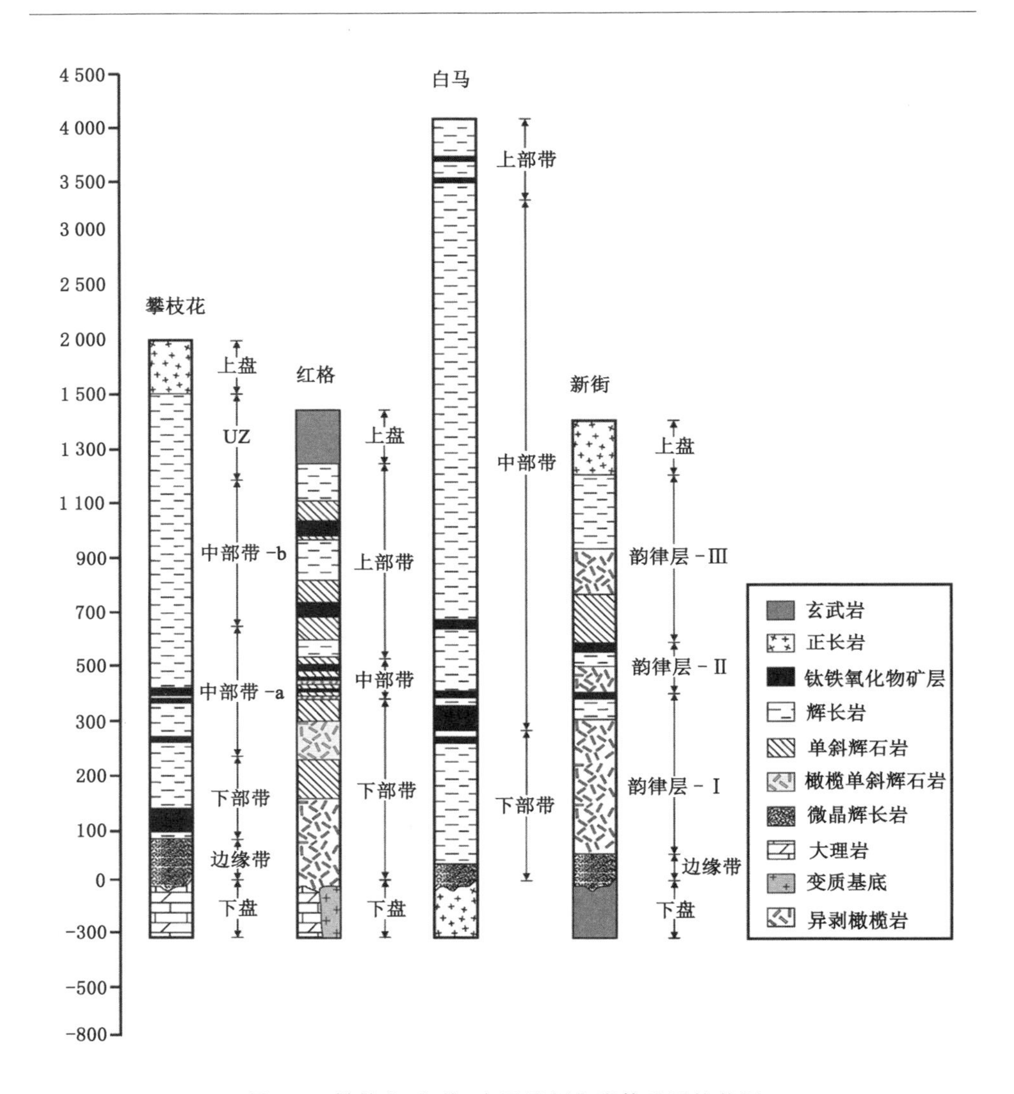

图 5-1　攀枝花、红格、白马及新街岩体地层柱状图

钒钛磁铁矿成矿机制的关键影响因素。因此，本章利用红格岩体中钛铁氧化物(见表 5-1)及东北部白草和板房箐玄武岩中单斜辉石和斜长石的电子探针分析结果(见表 5-2)来估算红格玄武质母岩浆不同演化阶段的氧逸度，并限定红格岩体钒钛磁铁矿结晶的影响因素。

表 5-1 红格侵入体中部岩相带和下部岩相带中钛铁氧化物成分(EPMA)及估算的温度和氧逸度

矿物类型	点号	A:组分										B:面积比例/mm^3	C:原始组分			D:固溶体原始端元组分		E:估算的 T 和 fO_2		
		MgO	Al_2O_3	TiO_2	Cr_2O_3	MnO	FeO	Fe_2O_3	CaO	K_2O	Total		Ti^{4+}	Fe^{3+}	Fe^{2+}	Usp/Hem /%	Mag/Ilm /%	T /℃	Log fO_2	FMQ
Mt-host	hg0-m-1	0.29	0.34	1.34	1.75	0.06	31.70	64.64	0.01	0.00	100.40	3.63×10^{-3}	21.20	23.30	55.50	76.72	23.28	948	−13.19	−1.29
Ilm-exso	hg0-i-1	2.72	0.15	52.73	0.32	1.17	41.33	2.31	0.02	0.00	100.76	2.82×10^{-3}								
Ilm-indiv	hg0-i-1a	2.25	0.00	52.41	0.13	1.14	41.96	1.80	0.00	0.00	99.69					1.80	98.20			
Mt-indiv	hg0-m-2	0.39	1.23	4.74	1.02	0.23	34.20	56.22	0.03	0.00	98.06					86.20	13.80	1 118	−10.64	−0.79
Ilm-indiv	hg0-i-2	2.41	0.09	51.72	0.66	0.89	41.21	0.99	0.07	0.00	98.03					1.70	98.30			
Mt-host	hg0-m-3	0.67	2.51	6.33	1.75	0.23	35.05	50.04	0.01	0.00	96.59	1.38×10^{-2}	20.30	26.40	53.30	76.55	23.45	914	−13.42	−0.89
Ilm-exso	hg0-i-3	1.46	0.02	51.60	0.02	1.37	42.38	1.18	0.01	0.01	98.06	7.24×10^{-3}								
Ilm-indiv	hg0-i-3a	3.61	0.12	52.19	0.02	0.73	39.73	2.55	0.01	0.00	98.94					2.53	97.47			
Mt-host	hg0-m-4	1.82	3.60	8.47	1.65	0.25	35.98	46.64	0.02	0.00	98.43	2.46×10^{-2}	10.20	46.50	43.30	52.460	47.540	814	−14.79	−1.15
Ilm-exso	hg0-i-4	2.76	0.01	53.22	0.02	0.93	41.93	0.45	0.04	0.00	99.37	1.64×10^{-3}								
Ilm-indiv	hg0-i-4a	3.35	0.04	52.43	0.06	0.64	40.49	2.34	0.01	0.00	99.36					2.270	97.730			
Mt-host	hg0-m-5	1.07	2.39	7.77	0.79	0.28	36.30	49.93	0.01	0.00	98.54	5.25×10^{-3}	21.80	22.80	55.40	78.40	21.60	875	−14.70	−1.13
Ilm-exso	hg0-i-5	2.82	0.28	50.56	0.46	0.87	39.47	3.15	0.07	0.00	97.68	3.11×10^{-3}								
Ilm-indiv	hg0-i-5a	2.45	0.26	51.06	0.24	1.27	40.12	1.39	0.05	0.02	96.85					1.90	98.10			
Mt-host	hg5-m-1	0.32	0.35	1.69	1.54	0.07	31.67	62.93	0.01	0.00	98.58	3.08×10^{-3}	17.90	30.00	52.10	70.83	29.17	974	−12.05	−0.37

表 5-1(续)

矿物类型	点号	A:组分										B:面积比例 /mm^3	C:原始组分			D:固溶体原始端元组分		E:估算的 T 和 fO_2		
		MgO	Al_2O_3	TiO_2	Cr_2O_3	MnO	FeO	Fe_2O_3	CaO	K_2O	Total		Ti^{4+}	Fe^{3+}	Fe^{2+}	Usp/Hem /%	Mag/Ilm /%	T /℃	Log fO_2	FMQ
Ilm-exso	hg5-i-1	2.75	0.06	53.08	0.07	1.14	41.68	1.41	0.00	0.00	100.18	1.72×10^{-3}								
Ilm-host	hg5-i-1a	2.95	0.15	49.23	0.16	1.05	37.91	8.95	0.02	0.00	100.42	2.36×1^{-2}	44.50	12.00	43.50	4.15	95.85			
Mt-exso	hg5-m-1a	0.36	0.21	1.61	0.85	0.05	31.54	64.19	0.07	0.00	98.88	4.88×10^{-4}								
Mt-host	hg5-m-3	0.64	1.54	5.33	1.10	0.30	34.25	54.51	0.02	0.00	97.68	1.27×10^{-2}	15.70	34.80	49.50	66.60	33.40	947	−12.52	−0.29
Ilm-exso	hg5-i-3	2.25	0.15	49.93	0.11	1.94	38.90	3.20	0.01	0.00	96.49	4.48×10^{-3}								
Ilm-host	hg5-i-3a	2.91	0.46	51.38	0.31	0.92	40.01	2.78	0.04	0.00	98.81	4.37×10^{-2}	45.00	10.60	44.40	4.60	95.40			
Mt-exso	hg5-m-3a	1.33	2.44	7.34	1.47	0.23	35.31	49.71	0.06	0.00	97.87	3.33×10^{-3}								
Mt-host	hg5-m-4	1.12	1.59	12.19	1.11	0.31	40.06	41.84	0.02	0.00	98.24	6.25×10^{-3}	19.90	26.90	53.20	75.50	24.50	1 049	−10.72	−0.23
Ilm-exso	hg5-i-4	2.81	0.60	52.69	0.28	1.18	41.12	1.77	0.03	0.00	100.48	1.99×10^{-3}								
Ilm-host	hg5-i-4a	2.95	0.62	52.09	0.15	1.15	40.37	1.81	0.02	0.00	99.16	3.85×10^{-3}	41.40	17.60	41.00	4.80	95.20			
Mt-exso	hg5-m-4a	0.64	0.93	5.78	1.18	0.24	34.47	53.94	0.02	0.00	97.18	7.26×10^{-4}								
Mt-host	hg5-m-5	0.72	1.62	7.08	0.85	0.29	35.79	51.31	0.00	0.00	97.67	3.01×10^{-3}	21.70	22.60	55.70	77.90	22.10	1 003	−11.63	−0.57
Ilm-exso	hg5-i-5	1.89	0.11	50.50	0.15	1.40	40.62	3.21	0.01	0.00	97.88	1.82×10^{-3}								
Ilm-host	hg5-i-5a	3.64	0.65	52.05	0.08	0.60	39.66	2.74	0.02	0.00	99.44	4.56×10^{-2}	33.50	33.90	32.60	4.00	96.00			
Mt-exso	hg5-m-5a	0.92	1.65	6.94	0.97	0.20	35.45	51.60	0.02	0.00	97.74	2.32×10^{-2}								

表 5-1(续)

矿物类型	点号	A:组分										B:面积比例 /mm^3	C:原始组分			D:固溶体原始端元组分		E:估算的 T 和 fO_2		
		MgO	Al_2O_3	TiO_2	Cr_2O_3	MnO	FeO	Fe_2O_3	CaO	K_2O	Total		Ti^{4+}	Fe^{3+}	Fe^{2+}	Usp/Hem /%	Mag/Ilm /%	T /℃	Log fO_2	FMQ
Mt-host	hg6-m-1	0.69	1.64	6.28	1.56	0.28	35.02	51.88	0.01	0.00	97.34	1.55×10^{-3}	17.40	31.20	51.40	70.00	30.00	1 010	−11.14	−0.2
Ilm-exso	hg6-i-1	2.83	0.05	51.83	0.05	0.87	40.66	2.30	0.02	0.00	98.59	6.05×10^{-4}								
Ilm-host	hg6-i-1a	3.97	0.16	49.88	0.06	0.66	37.03	4.65	0.03	0.00	96.43	1.60×10^{-2}	47.30	5.20	47.50	5.50	94.50			
Mt-exso	hg6-m-1a	0.46	1.11	3.38	1.27	0.12	32.80	58.47	0.02	0.00	97.61	8.40×10^{-5}								
Mt-host	hg6-m-2	0.97	2.26	4.59	1.42	0.19	33.76	56.05	0.04	0.00	99.27	1.76×10^{-2}	17.30	32.00	50.70	70.46	29.54	902	−13.40	−0.58
Ilm-exso	hg6-i-2	3.47	0.61	52.04	0.17	0.96	39.46	3.75	0.12	0.00	100.48	1.37×10^{-2}								
Ilm-host	hg6-i-2a	2.72	0.28	53.28	0.21	0.77	42.26	0.25	0.02	0.00	99.79	1.38×10^{-2}	43.90	13.80	42.30	3.43	96.57			
Mt-exso	hg6-m-2a	0.30	0.49	2.81	1.82	0.06	32.64	60.08	0.04	0.00	98.25	1.78×10^{-3}								
Mt-host	hg6-m-3	1.08	3.02	7.38	1.35	0.33	36.03	49.52	0.02	0.00	98.73	3.01×10^{-2}	19.90	26.20	53.90	74.80	25.20	961	−12.27	−0.4
Ilm-exso	hg6-i-3	2.85	0.21	52.64	0.08	0.79	41.38	1.81	0.03	0.00	99.80	1.42×10^{-2}								
Ilm-indiv	hg6-i-3a	2.63	0.15	51.09	0.35	0.71	40.48	3.31	0.03	0.00	98.76		3.67	96.33		3.67	96.33			
Mt-host	hg6-m-4	0.99	2.04	8.12	1.06	0.19	36.95	49.75	0.01	0.00	99.10	9.23×10^{-3}	13.50	38.60	47.90	68.70	31.30	993	−11.47	−0.23
Ilm-exso	hg6-i-4	2.76	0.19	53.17	0.19	1.25	41.57	1.29	0.02	0.01	100.45	1.66×10^{-3}								
Ilm-host	hg6-i-4a	3.04	0.25	52.52	0.18	0.77	40.93	1.92	0.02	0.02	99.64	2.64×10^{-2}	38.20	23.40	38.40	5.50	94.50			
Mt-exso	hg6-m-4a	0.59	1.41	4.95	1.19	0.20	35.04	57.64	0.02	0.02	101.05	7.72×10^{-3}								
Mt-host	hg6-m-5	0.60	1.69	5.68	0.71	0.16	35.00	54.47	0.01	0.00	98.32	1.02×10^{-3}	15.20	36.00	48.80	65.70	34.30	851	−14.77	−0.75

表 5-1(续)

矿物类型	点号	A:组分										B:面积比例/mm^3	C:原始组分			D:固溶体原始端元组分		E:估算的 T 和 fO_2		
		MgO	Al_2O_3	TiO_2	Cr_2O_3	MnO	FeO	Fe_2O_3	CaO	K_2O	Total		Ti^{4+}	Fe^{3+}	Fe^{2+}	Usp/Hem /%	Mag/Ilm /%	T /℃	Log fO_2	FMQ
Ilm-exso	hg6-i-5	2.48	0.06	50.69	0.59	0.96	40.15	2.52	0.03	0.00	97.48	3.25×10^{-4}								
Ilm-indiv	hg6-i-5a	2.30	0.19	50.01	0.08	0.85	39.99	2.30	0.02	0.00	95.73					2.60	97.40			
Mt-host	hg11-m-1	0.70	2.16	6.11	1.22	0.31	35.14	52.59	0.03	0.00	98.26	2.38×10^{-2}	9.90	46.80	43.30	51.18	48.82	858	−13.92	−0.28
Ilm-exso	hg11-i-1	2.35	0.66	50.48	0.62	1.50	39.62	3.33	0.05	0.00	98.61	2.89×10^{-3}								
Ilm-host	hg11-i-1a	2.93	0.40	51.50	0.36	0.74	40.29	1.90	0.03	0.00	98.15	1.40×10^{-2}	30.60	39.00	30.40	5.00	95.00			
Mt-exso	hg11-m-1a	1.35	3.69	6.51	1.50	0.32	35.25	51.13	0.02	0.00	99.78	9.52×10^{-3}								
Mt-host	hg11-m-2	0.81	1.38	5.63	0.99	0.21	33.79	53.84	0.10	0.06	96.81	2.31×10^{-3}	17.20	31.60	51.20	69.60	30.40	1 004	−11.38	−0.33
Ilm-exso	hg11-i-2	2.61	0.47	49.51	0.58	1.55	38.18	4.61	0.06	0.01	97.59	9.76×10^{-4}								
Ilm-host	hg11-i-2a	2.31	0.10	50.36	0.42	0.98	40.10	3.21	0.04	0.00	97.54	3.65×10^{-3}	29.30	41.00	29.70	6.00	94.00			
Mt-exso	hg11-m-2a	0.39	1.21	4.99	1.31	0.24	34.31	55.22	0.02	0.01	97.69	2.63×10^{-3}								
Mt-host	hg11-m-3	0.94	2.04	10.33	1.01	0.38	38.52	44.70	0.01	0.01	97.92	9.57×10^{-3}	20.90	25.00	54.10	77.40	22.60	1 090	−10.02	−0.35
Ilm-exso	hg11-i-3	2.93	0.24	53.30	0.10	0.80	41.81	0.85	0.06	0.00	100.09	4.05×10^{-3}								
Ilm-indiv	hg11-i-3a	4.30	0.67	50.36	0.27	0.54	36.91	4.92	0.04	0.03	98.03					5.70	94.30			
Mt-host	hg11-m-4	1.14	2.41	8.98	1.21	0.35	37.02	46.70	0.02	0.00	97.83	3.71×10^{-2}	9.40	47.60	43.00	49.30	50.70	842	−14.02	−0.24
Ilm-exso	hg11-i-4	2.50	0.17	52.00	0.75	1.23	40.80	1.03	0.20	0.00	98.68	1.06×10^{-3}								

表 5-1(续)

矿物类型	点号	A:组分										B:面积比例 /mm^3	C:原始组分			D:固溶体原始端元组分		E:估算的 T 和 fO_2		
		MgO	Al_2O_3	TiO_2	Cr_2O_3	MnO	FeO	Fe_2O_3	CaO	K_2O	Total		Ti^{4+}	Fe^{3+}	Fe^{2+}	Usp/Hem /%	Mag/Ilm /%	T /℃	Log fO_2	FMQ
Ilm-host	hg11-i-4a	3.18	0.10	53.88	0.17	0.55	41.90	0.00	0.02	0.00	99.80	3.86×10^{-2}	49.00	2.00	49.00	5.30	94.70			
Mt-exso	hg11-m-4a	0.44	1.88	5.86	2.16	0.13	34.71	50.91	0.04	0.03	95.88	7.77×10^{-4}								
Mt-host	hg11-m-5	0.78	1.73	7.50	0.86	0.27	36.06	50.34	0.04	0.00	97.56	3.72×10^{-3}	19.80	26.70	53.50	74.90	25.10	1 008	−11.78	−0.4
Ilm-exso	hg11-i-5	2.26	0.29	51.48	0.18	0.97	41.22	1.69	0.04	0.00	98.13	1.73×10^{-3}								
Ilm-indiv	hg11-i-5a	2.66	0.58	50.46	0.07	0.71	39.86	2.73	0.04	0.00	97.09					3.50	96.50			
Mt-indiv	hg12-m-1	0.50	0.99	4.17	1.04	0.30	33.17	57.16	0.03	0.00	97.35					87.80	12.20	1 118	−10.64	−0.49
Ilm-host	hg12-i-1a	2.59	0.24	51.72	0.22	0.70	41.15	2.43	0.03	0.00	99.07	2.94×10^{-3}								
Mt-exso	hg12-m-1a	0.35	0.49	2.66	1.20	0.04	32.44	61.13	0.07	0.00	98.38	9.24×10^{-4}	37.00	26.20	36.80	5.00	95.00			
Mt-host	hg12-m-2	1.05	2.34	10.52	1.02	0.28	38.67	44.09	0.05	0.00	98.01	1.08×10^{-2}	16.10	33.80	50.10	67.30	32.70	982	−11.72	−0.02
Ilm-exso	hg12-i-2	4.14	0.14	50.89	0.45	0.89	37.37	2.70	0.05	0.01	96.64	2.25×10^{-3}								
Ilm-host	hg12-i-2a	4.73	0.69	53.02	0.25	0.58	38.57	2.22	0.04	0.00	100.10	3.98×10^{-2}	39.80	20.00	40.20	5.80	94.20			
Mt-exso	hg12-m-2a	1.41	2.08	9.78	1.50	0.29	37.57	45.86	0.03	0.00	98.51	1.04×10^{-2}								
Mt-host	hg12-m-3	0.36	1.38	5.21	1.56	0.20	34.61	54.16	0.00	0.00	97.48	1.15×10^{-2}	20.80	24.80	54.40	76.80	23.20	1 071	−10.42	−0.01
Ilm-exso	hg12-i-3	2.49	0.00	51.32	0.04	0.98	40.68	2.25	0.01	0.01	97.78	6.93×10^{-3}								
Ilm-host	hg12-i-3a	3.25	0.16	50.85	0.04	0.67	39.21	3.84	0.01	0.01	98.03	8.55×10^{-3}	35.70	28.70	35.60	5.10	94.90			

表 5-1(续)

矿物类型	点号	A:组分										B:面积比例 /mm^3	C:原始组分			D:固溶体原始端元组分		E:估算的 T 和 fO_2		
		MgO	Al_2O_3	TiO_2	Cr_2O_3	MnO	FeO	Fe_2O_3	CaO	K_2O	Total		Ti^{4+}	Fe^{3+}	Fe^{2+}	Usp/Hem /%	Mag/Ilm /%	T /℃	Log fO_2	FMQ
Mt-exso	hg12-m-3a	0.54	1.50	5.86	1.68	0.25	34.79	52.50	0.00	0.00	97.11	3.30×10^{-3}								
Mt-host	hg12-m-4	2.02	4.28	7.87	1.59	0.29	35.71	48.19	0.00	0.00	99.96	3.04×10^{-2}	21.10	23.80	55.10	76.90	23.10	1 082	−10.18	0.05
Ilm-exso	hg12-i-4	4.26	0.35	50.63	0.22	0.62	37.19	4.90	0.04	0.01	98.21	1.74×10^{-2}								
Ilm-host	hg12-i-4a	4.20	0.34	52.63	0.20	0.58	39.19	0.70	0.03	0.00	97.86	9.57×10^{-3}	43.10	14.10	42.80	5.00	95.00			
Mt-exso	hg12-m-4a	0.66	1.16	7.55	1.77	0.31	36.15	50.11	0.04	0.03	97.77	1.54×10^{-3}								
Mt-host	hg15-m-1	0.56	0.97	6.59	0.82	0.22	35.40	52.66	0.02	0.00	97.23	1.96×10^{-2}	14.60	36.50	48.90	63.50	36.50	960	−11.89	−0.12
Ilm-exso	hg15-i-1	2.75	0.14	51.52	0.20	0.77	40.60	1.06	0.04	0.00	97.09	5.03×10^{-3}								
Ilm-host	hg15-i-1a	3.57	0.31	52.23	0.04	0.71	39.83	1.51	0.01	0.00	98.21	4.18×10^{-3}	41.90	16.20	41.90	5.30	94.70			
Mt-exso	hg15-m-1a	0.76	1.03	8.63	0.99	0.24	36.90	48.47	0.02	0.00	97.04	8.30×10^{-4}								
Mt-host	hg15-m-2	1.13	2.27	6.01	1.64	0.22	34.54	52.54	0.02	0.00	98.37	3.03×10^{-3}	10.80	44.80	44.40	53.86	46.14	922	−12.38	0.26
Ilm-exso	hg15-i-2	3.11	0.07	51.88	0.04	0.81	40.18	2.34	0.05	0.01	98.50	4.46×10^{-4}								
Ilm-host	hg15-i-2a	3.03	0.04	51.71	0.05	0.76	40.27	2.99	0.03	0.00	98.87	3.24×10^{-2}	47.40	4.00	48.60	6.53	93.47			
Mt-exso	hg15-m-2a	0.78	0.64	1.57	1.28	0.06	29.94	61.92	0.02	0.08	96.30	7.23×10^{-4}								
Mt-host	hg16-m-1	0.27	0.98	3.87	1.10	0.09	34.13	58.98	0.00	0.00	99.41	7.53×10^{-3}	11.10	43.90	45.00	54.48	45.52	905	−12.72	0.28

表 5-1(续)

矿物类型	点号	A:组分										B:面积比例 /mm^3	C:原始组分			D:固溶体原始端元组分		E:估算的 T 和 fO_2		
		MgO	Al_2O_3	TiO_2	Cr_2O_3	MnO	FeO	Fe_2O_3	CaO	K_2O	Total		Ti^{4+}	Fe^{3+}	Fe^{2+}	Usp/Hem /%	Mag/Ilm /%	T /℃	Log fO_2	FMQ
Ilm-exso	hg16-i-1	2.42	0.12	51.31	0.14	0.85	40.96	2.66	0.01	0.00	98.45	1.61×10^{-3}								
Ilm-host	hg16-i-1a	1.93	0.05	51.62	0.03	0.82	42.06	1.90	0.07	0.00	98.48	7.81×10^{-4}	35.70	27.40	36.90	6.93	93.07			
Mt-exso	hg16-m-1a	0.21	0.52	3.56	0.91	0.15	32.26	57.34	0.15	0.01	95.11	3.01×10^{-4}								
Mt-host	hg16-m-2	0.98	2.02	10.45	0.95	0.37	38.42	44.24	0.01	0.01	97.45	$5.20\times10-3$	13.00	40.50	46.50	60.30	39.70	914	−12.56	0.82
Ilm-exso	hg16-i-2	3.01	0.14	49.88	0.34	0.92	38.51	3.55	0.03	0.00	96.37	5.06×10^{-4}								
Ilm-host	hg16-i-2a	3.57	0.11	51.90	0.26	0.62	39.61	1.74	0.04	0.00	97.84	1.43×10^{-2}	41.80	16.30	41.90	5.40	94.60			
Mt-exso	hg16-m-2a	1.06	2.11	9.79	1.16	0.29	37.68	44.97	0.01	0.00	97.06	2.96×10^{-3}								
Ilm-exso	hg16-i-3	2.31	0.26	52.58	0.36	0.86	42.22	1.34	0.05	0.00	99.98	2.26×10^{-3}				2.50	97.50			
Ilm-indiv	hg16-i-3a	2.06	0.42	51.96	0.21	1.02	41.96	1.79	0.05	0.00	99.47									
Mt-host	hg16-m-3	0.45	1.13	5.47	0.94	0.25	34.94	55.40	0.01	0.00	98.60	$4.63\times10-3$	18.90	28.40	52.70	73.18	26.82	896	−13.98	0.16

表 5-2　红格附近玄武岩中单斜辉石及斜长石的分析结果及温度和氧逸度估算结果

岩石类型	高钛玄武岩			低钛玄武岩		低钛玄武岩		高钛玄武岩			低钛玄武岩		
矿物类型	单斜辉石			单斜辉石		单斜辉石		单斜辉石			单斜辉石		
样品编号	BFQ-4			BFQ-7		BC-1		BFQ-6			BC-2		
样点	1	2	3	1	2	1	2	1	2	3	1	2	3
MgO	12.35	13.41	13.41	13.23	13.51	13.21	13.54	13.07	13.81	12.79	13.32	13.16	12.12
Al_2O_3	1.39	1.74	2.09	2.16	1.97	1.74	2.11	1.87	1.83	3.74	1.00	1.76	0.99
SiO_2	51.57	51.55	50.77	49.55	51.45	51.11	51.63	51.08	51.57	51.40	51.74	51.00	51.14
CaO	22.62	22.29	20.17	20.56	20.32	20.63	21.21	21.08	20.26	22.20	22.82	20.63	22.80
TiO_2	0.39	0.34	0.51	0.60	0.73	0.61	0.74	0.47	0.55	0.59	0.31	0.55	0.42
Cr_2O_3	0.05	0.04	0.37	0.77	0.06	0.57	0.03	0.07	0.10	0.08	0.06	0.03	0.02
MnO	0.60	0.24	0.25	0.26	0.26	0.25	0.26	0.32	0.26	0.29	0.58	0.24	0.59
FeO	9.56	9.76	11.20	10.90	11.76	11.24	11.07	11.30	11.89	10.30	8.65	11.45	9.34
Na_2O	0.45	0.23	0.30	0.27	0.30	0.25	0.26	0.26	0.27	0.24	0.37	0.25	0.49
K_2O	0.01	0.00	0.01	0.00	0.01	0.00	0.00	0.01	0.00	0.01	0.03	0.00	0.02
NiO_2	0.00	0.00	0.03	0.02	0.00	0.01	0.01	0.01	0.03	0.00	0.00	0.01	0.00
Total	98.98	99.60	99.11	98.32	100.36	99.61	100.86	99.53	100.55	101.64	98.87	99.07	97.93
$D^{*Fe2+}_{cpx-melt}$	3.22	3.18	3.12	3.10	3.09	3.13	3.09	3.12	3.10	2.99	3.29	3.12	3.25
$D^{Fe3+}_{cpx-melt}$	0.27	0.27	0.27	0.27	0.27	0.27	0.27	0.27	0.27	0.27	0.27	0.27	0.27
Na_2O	7.55	4.08	3.72	3.38	3.26	3.35	3.54	3.50	3.44	3.62	7.05	4.11	7.46
MgO	0.01	0.02	0.00	0.00	0.01	0.01	0.01	0.00	0.01	0.02	0.00	0.01	0.00
Al_2O_3	23.24	28.60	29.82	30.15	30.69	30.59	30.66	28.46	29.67	28.44	22.96	29.27	23.07

表 5-2(续)

岩石类型	高钛玄武岩			低钛玄武岩		低钛玄武岩		高钛玄武岩			低钛玄武岩		
矿物类型	斜长石			斜长石		斜长石		斜长石			斜长石		
样品编号	BFQ-4			BFQ-7		BC-1		BFQ-6			BC-2		
样点	1	2	3	1	2	1	2	1	2	3	1	2	3
SiO_2	61.85	52.91	51.27	51.65	52.41	52.73	53.32	50.65	51.13	50.00	60.84	53.19	61.11
K_2O	0.51	0.09	0.06	0.05	0.05	0.03	0.01	0.03	0.06	0.06	0.43	0.08	0.58
CaO	6.12	12.12	12.67	13.84	13.61	13.46	13.25	16.83	13.55	14.92	5.92	12.50	5.79
TiO_2	0.01	0.03	0.04	0.02	0.00	0.00	0.04	0.06	0.00	0.02	0.03	0.00	0.02
FeO	0.38	0.32	0.33	0.23	0.19	0.21	0.22	0.65	0.49	0.54	0.25	0.25	0.24
Total	99.66	98.16	97.91	99.30	100.22	100.37	101.04	100.14	98.36	97.62	97.46	99.41	98.28
$D_{pl-melt}^{Fe3+}$	0.76	0.55	0.51	0.52	0.52	0.52	0.52	0.52	0.51	0.52	0.76	0.55	0.77
$D_{pl-melt}^{Fe2+}$	0.08	0.10	0.09	0.10	0.10	0.10	0.09	0.10	0.10	0.10	0.09	0.09	0.09
$FeO_{cpx}^{total}/FeO_{pl}^{total}$	25.22	30.23	33.64	48.00	61.24	54.54	51.50	17.31	24.41	19.00	35.14	45.42	38.44
$(FeO_{cpx}^{total}/FeO_{pl}^{total})\times D_{pl-melt}^{Fe^{3+}}$	19.04	16.65	17.29	24.91	31.72	28.41	26.73	9.03	12.55	9.96	26.71	24.76	29.56
$(FeO_{cpx}^{total}/FeO_{pl}^{total})\times D_{pl-melt}^{Fe^{2+}}$	2.13	2.92	3.17	4.66	5.88	5.21	4.78	1.75	2.38	1.91	3.27	4.23	3.34
$(Fe_2O_3/FeO)_{melt}$	0.06	0.02	0.00	−0.07	−0.10	−0.08	−0.07	0.17	0.07	0.12	0.00	−0.05	0.00
Calculated T/℃	887.00	887.00	867.00	887.00	857.00	887.00	887.00	887.00	887.00	887.00	887.00	887.00	887.00
Calculated P/GPa	0.30	0.30	0.30	0.30	0.30	0.30	0.30	0.30	0.30	0.30	0.30	0.30	0.30
Calculated ΔFMQ	−1.07	−1.02	−1.56	−4.53	−4.13	−2.99	−4.03	0.14	−0.46	0.03	−2.57	−2.06	−3.69

5.2 玄武岩的氧逸度估算

France 等[249]近期的研究成果表明玄武质岩浆的氧逸度（表示为 ΔFMQ）可以通过玄武岩中两种最普通的矿物（斜长石和单斜辉石）的电子探针成分来估算。此方法是基于单斜辉石和熔体以及斜长石和熔体间二价铁和三价铁的分配系数不同。熔体的 Fe_2O_3/FeO 比值与单斜辉石和斜长石对熔体二价铁和三价铁的分配系数之间的关系可以表示为：

$$\left(\frac{Fe_2O_3}{FeO}\right)_{melt}=\frac{D^{*Fe^{2+}}_{cpx-melt}-\left(\frac{FeO^{total}_{cpx}}{FeO^{total}_{pl}}\times D^{Fe^{2+}}_{pl-melt}\right)}{-D^{Fe^{3+}}_{cpx-melt}+\left(\frac{FeO^{total}_{cpx}}{FeO^{total}_{pl}}\times D^{Fe^{3+}}_{pl-melt}\right)}\times\frac{M_{Fe_2O_3}}{M_{FeO}\times 2} \tag{5-1}$$

分配系数 $D^{Fe^{3+}}_{pl-melt}$ 和 $D^{Fe^{2+}}_{pl-melt}$ 能够通过 Lundgaard 等[250]所介绍的熔体组分所计算出来。对于 $D^{Fe^{3+}}_{cpx-melt}$，我们采用了 McCanta 等[251]所推荐的平均值（0.27，见表 5-2）。此外，$D^{*Fe^{2+}}_{cpx-melt}$ 的计算方法在 France 等[249]最近发表的论文中有介绍。氧化物摩尔质量 M_{FeO} 和 $M_{Fe_2O_3}$ 分别为 71.85 g/mol 和 159.69 g/mol。基于 Kress 等[252]的研究成果，熔体的 Fe_2O_3/FeO 比值与氧逸度之间的关系可以用如下的经验方程来表示：

$$\log(fO_2)=\log\left\{\exp\left[\frac{\ln\left(\frac{Fe_2O_3}{FeO}\right)_{melt}-\frac{b}{T}-c-\sum_i d_iX_i}{a}\right]\right\} \tag{5-2}$$

式中，$a=0.207$；$b=12.98$；$c=-6.115$；$d_{SiO_2}=-2.368$；$d_{Al_2O_3}=-1.622$；$d_{CaO}=2.073$；T 为开尔文温度；X_i（0 到 1 之间）由氧化物成分计算得到。

由于上述相关分配系数均来源于低压实验（0.1 GPa 到 0.5 GPa 之间），所以在估算过程中我们采用了中间值（0.3 GPa，见表 5-2）。另外，在既定温度和确定组分的情况下，$\ln(Fe_2O_3/FeO)_{melt}$ 与 $\log fO_2$ 的比值通常为 0.5，所以我们能够基于公式（5-2）计算出玄武质岩浆中单斜辉石和斜长石结晶时的温度和氧逸度。为了更加直观和便于理解，我们通过 Ballhaus 等[253]的方法将熔体的氧化还原状态（fO_2）换算成 ΔFMQ：

$$\Delta FMQ=\log fO_2-(82.75+0.00484T-30681/T-24.45\log T+940P/T-0.02P) \tag{5-3}$$

通过上述方法，我们计算得到玄武岩结晶时的氧逸度分布在 FMQ－4.53

到 FMQ+0.14 之间(见表 5-2)。计算结果表明白草和板房箐地区的高钛玄武岩的结晶氧逸度普遍高于低钛玄武岩,前者的 ΔFMQ 范围在 −1.56～+0.14 之间,而后者则分布在 4.53～−2.06 之间。

5.3　钛铁氧化物的氧逸度估算

通常能够估算熔体氧逸度的方法并不少[254],然而我们所采用的是最常见和普遍的磁铁矿-钛铁矿平衡氧逸度计算方法[255-258]。然而,在玄武质侵入体母岩浆缓慢冷却过程中所发生的磁铁矿和钛铁矿之间的再平衡过程以及固溶体(例如 UspMt 或 IlmHem)分离过程通常会改变原生钛铁氧化物的原始成分,从而掩盖了磁铁矿和钛铁矿结晶时的真实物理化学信息。上述再平衡过程可以表达为:

$$\text{Ulvospinel}-\text{rich spinel}+O_2=\text{magnetite}-\text{enriched spinel}+\text{ilmenite} \quad (5\text{-}4)$$

$$\text{Hematite}-\text{rich ilmenite}=\text{ilmenite}+\text{magnetite}-\text{ulvospinel}+O_2 \quad (5\text{-}5)$$

这类影响通常可以通过将出熔的钛铁矿片晶归并到磁铁矿主相中来消除[256,259]。所以,在计算钛铁氧化物结晶温度和氧逸度之前必须先恢复原生钛铁氧化物的原始成分。

钛尖晶石的亚固相氧化反应通常会使固溶体当中出现两种常见的出溶结构:条带状出溶钛铁矿和粒状出溶钛铁矿,前者通常以磁铁矿中出现三明治型或网格型钛铁矿叶片[见图 3-8(b)]为特征,在我们所采的样品中没有发现粒状出溶的情况。赤铁矿的亚固相还原反应则以钛铁矿边缘出现磁铁矿小颗粒状出溶为特征[见图 3-8(a)]。鉴于红格岩体块状矿石复杂的出溶结构,我们选择侵入岩中橄榄石和单斜辉石中钛铁氧化物包体[见图 3-7(a)、(b)]来重建和恢复原生钛铁氧化物的原始成分,并采用了类似方法来估算钛磁铁矿和钛铁矿平衡时的温度和氧逸度[255,259-260]。

首先,我们通过电子探针分析获得的磁铁矿(主相)/钛铁矿(出溶相)以及钛铁矿(主相)/磁铁矿(出溶相)成分(表 5-1 中 A)以及在背散射图像和显微镜反射光图像上的面积比例(表 5-1 中 B),用来恢复其原生磁铁矿和钛铁矿原始成分。基于原始成分(表 5-1 中 C),我们能够计算出钛尖晶石-磁铁矿和赤铁矿-钛铁矿的原始固溶体端元比例(表 5-1 中 D)。Bohlen 等[260]和 Bowles[259]认为含出溶钛铁矿的磁铁矿与原生钛铁矿颗粒之间有过短暂的平衡关系,所以有理由将归并后的磁铁矿和钛铁矿成分、归并后磁铁矿与原生钛铁矿[见图 3-25(f)]或者归并后钛铁矿与原生磁铁矿[见图 3-25(e)]直接在温度-氧逸度-原生组分端元三相图(见图 5-2)上投影,从而得到磁铁矿和钛铁矿之间 Fe 和 Ti 不再发生成分交换时的温度(814～1 118 ℃)和氧逸度(FMQ－1.29 到 FMQ＋0.82,FMQ 为铁橄榄石-磁铁矿-石英缓冲剂,见表 5-1 中 E)。

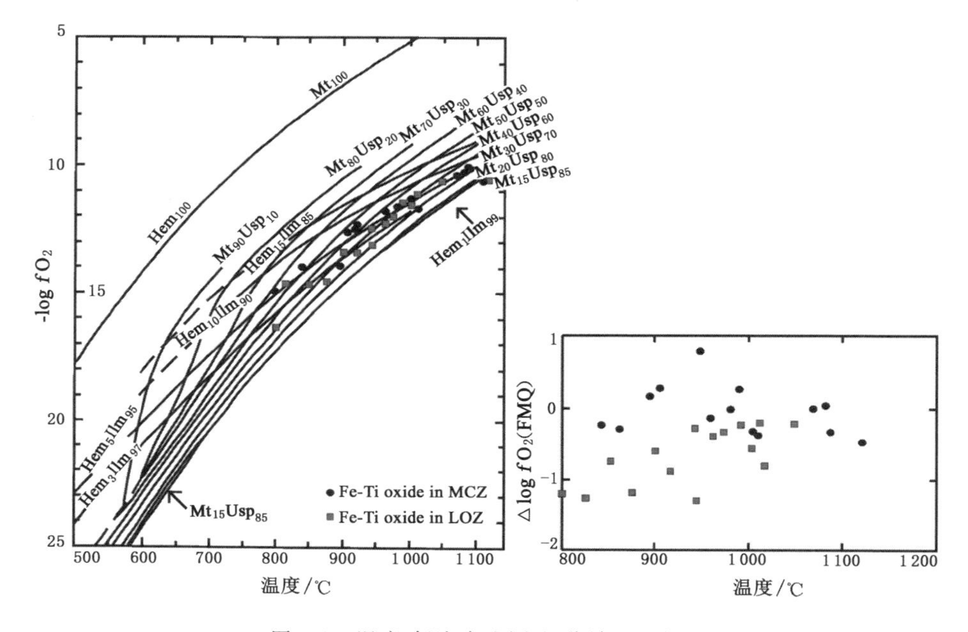

图 5-2 温度-氧逸度-原生组分端元三相图

(基于 Ballhaus 等[253]的公式,将氧逸度($-\log fO_2$)换算成 ΔFMQ。黑色圆圈代表红格岩体中部岩相带的计算结果,灰色方框代表下部岩相带钛铁氧化物的结晶条件)

为提高和保证我们估算结果的可靠性,我们对 27 个磁铁矿-钛铁矿矿物对开展了细致的成分恢复工作。红格岩体铁钛氧化矿物组分变化较大。橄榄石中的粒状磁铁矿与含钛铁矿出溶叶片的磁铁矿相比,具有较高的 Fe_2O_3 和较低 TiO_2。而橄榄石中的粒状钛铁矿与含磁铁矿还原出溶叶片的钛铁矿相比,具有较高的 FeO 和较低的 Fe_2O_3。出溶钛铁矿的 TiO_2 含量以及赤铁矿端元比例同样比粒状钛铁矿低,可能是归咎于其原始端元组分中钛铁矿比例更高(见表 5-1)。红格岩体下部岩相带(LOZ)和中部岩相带(MCZ)的钛铁氧化物平衡氧逸度分别为 FMQ－1.29 到 FMQ－0.2 以及 FMQ－0.49 到 FMQ＋0.82 之间。

5.4　红格岩体岩浆演化过程中氧逸度的变化

氧逸度(fO_2)是熔体氧化还原状态良好的指示剂,并且在很大程度上决定了岩浆系统内的演化过程[252,241]。虽然红格岩体在侵位之后受到后期正长岩及花岗岩的穿插、包围,但很难见到可以代表其侵位时的冷凝边成分,所以我们很难以传统的方式对红格岩体母岩浆的氧化还原状态进行限定。然而,Bai 等[261]最近的研究成果表明龙帚山高钛玄武岩的平均成分能够被用来代表红格含钒钛磁铁矿岩体的母岩浆成分。根据 MELTS 模拟结果,残余岩浆在 1 260 ℃和 1 155 ℃时的成分与我们所采集的板房箐高钛玄武岩(BFQ-2)和白草低钛玄武岩(BC-1)的成分完全吻合,所以我们认为红格岩体母岩浆、板房箐高钛玄武岩(BFQ-2)和白草低钛玄武岩(BC-1)皆为同一原始岩浆的演化产物(见第 6 章红格岩体与峨眉山玄武岩的关系部分)。此外,白草和板房箐玄武岩与龙帚山高钛玄武岩具有相似的原始地幔标准化微量元素分布趋势[见图 4-5(c)]和球粒陨石标准化稀土元素分布趋势[见图 4-4(c)]。所以,我们有理由认为出露在红格岩体东北部的白草板房箐玄武岩可以代表该侵入体的母岩浆。

在本书中,白草和板房箐玄武岩被划分为高钛和低钛系列(见表 5-2)。从上述玄武岩氧逸度估算结果来看,高钛玄武岩结晶时的氧逸度较高,分布在 FMQ−1.56到 FMQ+0.14 之间;而低钛玄武岩结晶时的氧逸度较低,分布在 FMQ−4.53到 FMQ−2.06 之间。Xu 等[189]认为地壳混染是龙帚山玄武岩比贵州境内玄武岩氧逸度高的关键控制因素。如图 5-3 所示,板房箐高钛玄武岩的 Th/Ta 比值[BFQ-4 和 BFQ-7 落在 Th/Ta=4.6 线上,见图 5-3(a)]比低钛玄武岩[BFQ-5、BFQ-6 和 BC-3 则普遍落在 Th/Ta=2.3 线以下,见图 5-3(a)]要高,这可能是因为在岩浆演化过程中红格岩体母岩浆经历了不同程度的地壳混染而吸取了扬子克拉通上地壳组分(Th/Ta=13)。此外,SiO_2 与 Nb/La 的负相关关系[见图 5-3(b)]进一步表明地壳混染可能是高钛玄武岩 Th/Ta 比值升高的关键诱因。如图 4-6 所示,板房箐高钛玄武岩比低钛玄武岩经历了更大程度的地壳混染。所以,我们认为板房箐和白草低钛玄武岩较低的 Th/Ta 比值和氧逸度可能归咎于较低程度或几乎没有受到地壳混染的影响。因此,我们推测红格岩体北部低钛玄武岩较低的氧逸度(FMQ−4.53 到 FMQ−2.06)反映了其地幔源区的氧化还原状态,而高钛玄武岩较高的氧逸度(FMQ−1.56 到 FMQ+0.14)则代表了进入红格浅部岩浆房的母岩浆的氧化还原状态。通常情况下,玄武质岩浆中磁铁矿的晶出会消耗岩浆系统内的氧并导致氧逸度的降低。我们所估算的下部岩相带(LOZ)氧逸度结果（FMQ－1.29 到 FMQ－0.2）比红格岩体母岩浆氧逸度低，并且高钛玄武岩(见图 3-15)的单斜辉石和斜长石间隙中分布有少量钛铁氧化物，说明红格岩体母岩浆在深部岩浆房结晶的少量磁铁矿导致其母岩浆在进入到浅部岩浆房时氧逸度有所降低。而红格岩体中部岩相带(MCZ)磁铁矿结晶时的氧逸度（FMQ－0.49 到 FMQ＋0.82）比下部岩相带(LOZ)有所升高，可能隐藏着某种升高岩浆系统氧逸度的机制(见第 7 章)。

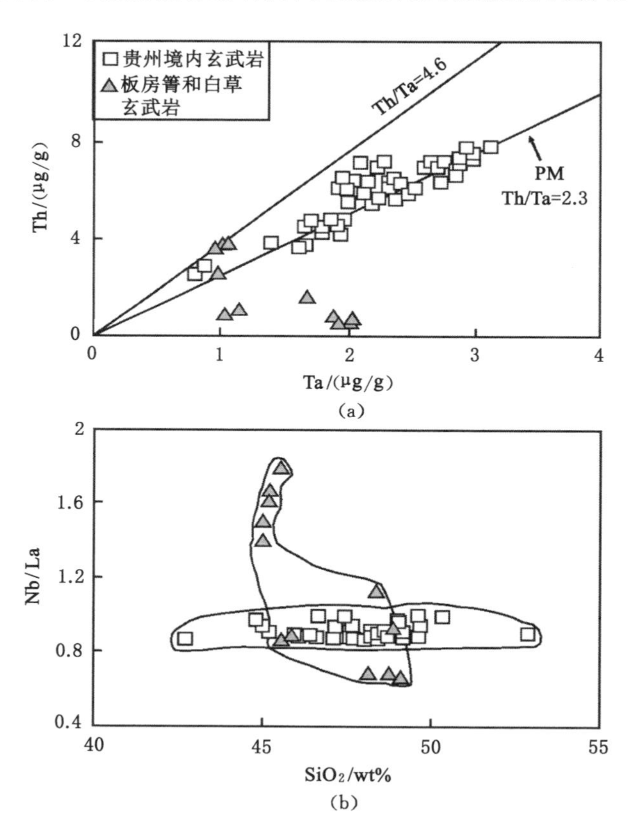

图 5-3　白草和板房箐玄武岩 Th 和 Ta 及 Nb/La 和 SiO_2 二元相关图

(贵州境内玄武岩数据引自 Xu 等[189])

5.5 小结

红格岩体的东北部板房箐和白草低钛玄武岩较低的氧逸度(FMQ－4.53 到 FMQ－2.06)反映了其地幔源区的氧化还原状态，而高钛玄武岩较高的氧逸度(FMQ－1.56 到 FMQ＋0.14) 则可能归咎与其比低钛玄武岩经历了更大程度的地壳混染，其代表了进入红格浅部岩浆房的母岩浆的氧化还原状态。玄武质母岩浆在深部岩浆房内少量钛铁氧化物的结晶，导致下部岩相带(LOZ)氧逸度(FMQ－1.29 到 FMQ－0.2)比红格岩体母岩浆氧逸度略低。而随着岩浆演化程度的升高，中部岩相带(MCZ)磁铁矿结晶时的氧逸度 (FMQ－0.49 到 FMQ＋0.82)比下部岩相带(LOZ)有所升高。

第6章　红格岩体岩浆演化和成岩过程

如引言所述，虽然前人对攀西地区含钒钛磁铁矿基性-超基性层状岩体的岩石学、地球化学特征已经开展了较为全面的研究工作，如锆石 U-Pb 定年研究显示攀西地区的基性-超基性层状岩体形成于～260 Ma，表明其与峨眉地幔柱作用有关[52,71-72,86,91]；攀西层状岩体钒钛磁铁矿成矿机理为岩浆不混熔有关的晚期岩浆矿床[52]，或者可能是高氧逸度环境下岩浆演化早期的钛铁氧化物结晶成矿[96-99]。最近十年以来，虽然对红格岩体的岩石学、地球化学研究已经取得了许多重要进展[60,92,185,262]，但目前尚缺少对红格层状岩体岩浆演化和成岩成矿过程更为细致的讨论，尤其是对于与攀西地区其他岩体赋矿层位不同，红格岩体中部岩相带块状矿石层成因的研究讨论尚显不足。因此，本章利用矿物化学成分和全岩地球化学特征讨论红格岩体母岩浆特征、地壳混染程度及其温压和氧逸度条件，并结合 MELTS 热力学模拟软件模拟岩浆由深部至浅部的分异演化及 Fe-Ti 氧化物结晶过程。

6.1　红格岩体母岩浆性质及其结晶分异过程

镁铁-超镁铁质层状侵入体的母岩浆成分和性质是我们理解其结晶分异过程的关键因素[1]。由于红格岩体在侵位之后受到后期正长岩及花岗岩的穿插、包围，所以我们还是没有发现能够代表其侵位时的冷凝边、岩墙以及岩床，所以无法用常规的方法来获得母岩浆的正确组分[263-265]。Bai 等[185]利用 Ghiorso 等[266]所开发的软件对红格岩体岩浆演化过程进行模拟，认为其母岩浆的 MgO 和 FeOt 成分分别为 9.4 wt%和 14.5 wt%，并且系较演化的富 Fe 母岩浆。如图 4-3所示，红格岩体全岩 FeO 和 TiO_2 含量具有良好的正相关关系，所以我们推测其母岩浆同样富 Ti。Bai 等[261]近期的研究认为红格含钒钛磁铁矿矿床母岩浆的 Ti 含量(>3.5 wt%)较高也证实了上述观点。通常，地幔来源岩浆仅结晶一到两种矿物，随着分异程度的增加，会出现更多的矿物相[267]。红格岩体中至少含有四种堆晶矿物(橄榄石+单斜辉石+斜长石+钛磁铁矿),表明其母岩浆在进入到浅部岩浆房之前就已经经历过一定程度的分异演化。多种矿物相的存在加上红格岩体球粒陨石标准化稀土元素图解中轻稀土元素(LREE)相对于重稀土元素(HREE)的富集[见图 4-4(a)、(b)],同样说明了红格岩体母岩浆演化程度较高。

前人研究[268-269]认为攀西地区攀枝花和白马岩体中钒钛磁铁矿矿层的形成与深部岩浆房富 Fe、Ti 岩浆的补给作用有密切的联系。在图 4-2 中,我们可以发现存在两个明显的钛铁氧化物比例(磁铁矿/钛铁矿)和 Ba/Th 比值的地球化学突变,所以可以推测在红格岩体母岩浆进入浅部岩浆房后的演化过程中,有两次来自深部的更加演化的富 Fe、Ti 岩浆的补给作用发生。在全岩主量元素变化图解中[见图 4-3(a)、(d)],中部岩相带的 FeO 和 TiO_2 含量都比下部岩相带高,同样证实了在中部岩相带母岩浆演化过程中有富 Fe、Ti 岩浆的补给作用发生。此外,从下部岩相带到上部岩相带相对稳定的橄榄石 Fo 牌号[见图 4-2(g)]及不相容元素含量[例如 Zr 和 Y,见图 4-2(c)、(d)]说明不同期次的补给岩浆具有相似的组分。如图 4-3(a)～(h)所示,MgO 含量的降低伴随着 SiO_2、CaO、FeO、TiO_2、Al_2O_3、K_2O+Na_2O 含量的增高,暗示在岩浆固化过程中有橄榄石、单斜辉石、钛铁氧化物以及斜长石的结晶。此外,中部岩相带(MCZ)单斜辉石岩的 TiO_2 和 FeOt 含量明显高于下部岩相带(LOZ)的橄榄辉石岩以及原始地幔标准化微量元素图解中[见图 4-5(a)、(b)]两类岩石均表现出相对于龙帚山高钛玄武岩的 Ti 的正异常,进一步说明岩浆补给作用为钛铁氧化物的饱和晶出提供了一定量的 Fe 和 Ti。而上部辉长岩相带(UGZ)的 FeOt 和 TiO_2 含量[见图 4-1(c)、(d)]的急剧降低可能与中部岩相带钛铁氧化物的大量结晶有关。基于上述讨论,我们认为红格岩体母岩浆为较演化的富 Fe、Ti 玄武质岩浆,并且在其母岩浆在浅部岩浆房的演化过程当中有岩浆补给作用的发生。

不相容元素比值通常不会受到硅酸盐矿物(例如,橄榄石和辉石)结晶分异的影响。然而对红格岩体而言,当其母岩浆到达浅部岩浆房之后,不仅有橄榄石、单斜辉石及斜长石的结晶分异,在此过程中还结晶出大量的钛磁铁矿以及钛铁矿。所以,在使用不相容元素比值讨论其结晶分异过程之前必须先排除掉钛铁氧化物结晶分异对其产生的影响。尽管红格岩体大部分侵入岩在原始地幔标准化图解中与洋岛玄武岩具有相似的分布趋势,但其仍然存在 Ti 正异常以及 Th,Ta 和 La 等微量元素变化较大等不同之处,说明红格岩体中钛铁氧化物的大量结晶对某些不相容元素比值产生了影响。如图 6-1(c)、(d)所示,红格和新

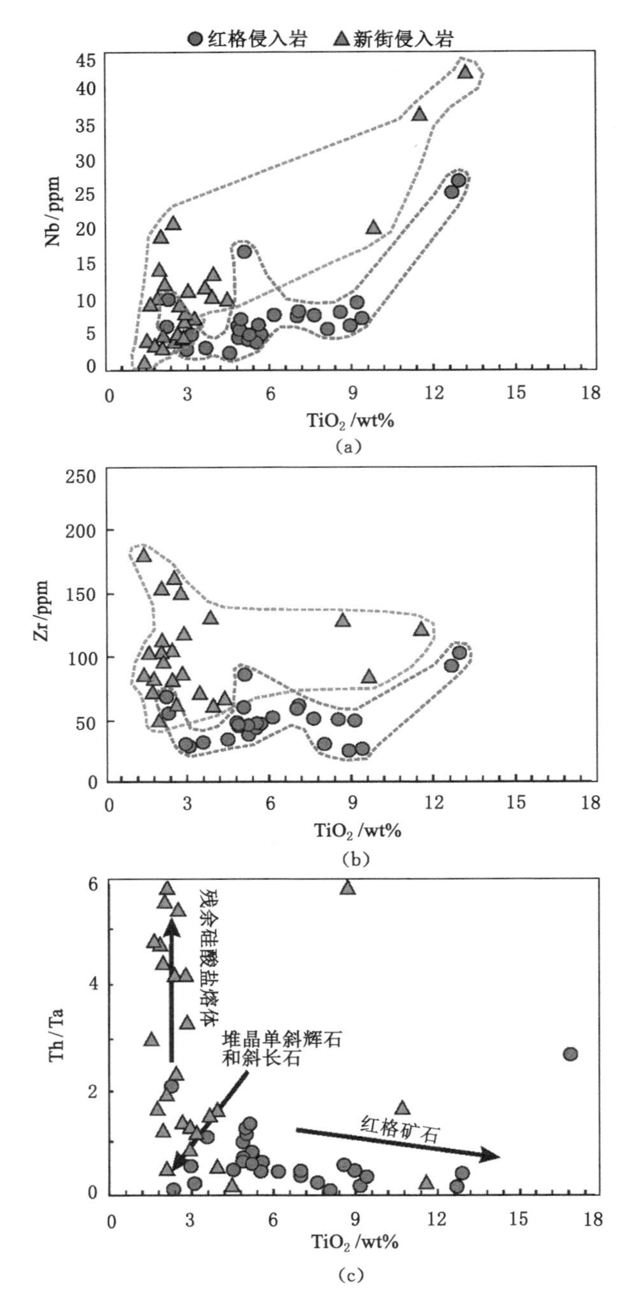

图 6-1 红格和新街岩体中 TiO_2 与 Nb、Zr、Th/Ta 及 La/Nb 的二元相关图

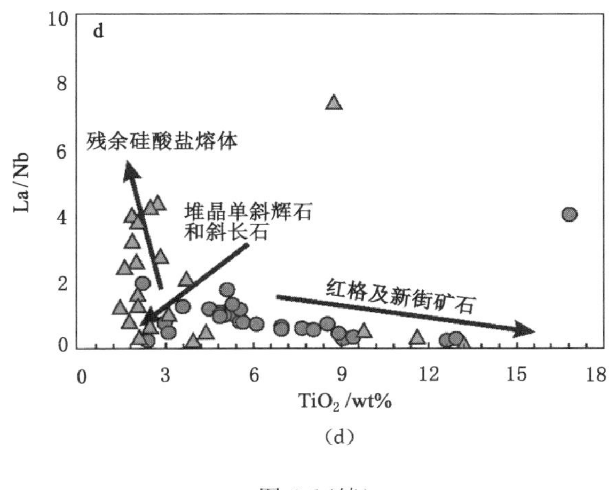

(d)

图 6-1(续)

街侵入岩中 Th/Ta 和 La/Nb 比值会随着 TiO_2 含量的增加而降低，这可能与钛铁氧化物的结晶有关。尽管硅酸盐矿物的结晶能够对元素比值的变化有一定的控制作用，但是钛铁氧化物的结晶仍然能够影响 Zr、Nb、Hf、Ta 及其他高场强元素(HFSEs)含量的变化。Thy 等[270]的实验表明，结晶分异通常只能使熔体的 P_2O_5/K_2O 比值升高 1.3 到 1.5 倍。而流体不混溶则对 P_2O_5/K_2O 比值造成较大的影响，通常会有一到两个数量级的变化[271-273]。尽管 Lindsley[274]认为从实验角度无法得到富铁的不混溶流体，然而野外地质现象为 Chile 钛铁氧化物矿床是由富铁不混溶流体形成提供了有力的证据。鉴于获取直接的不混溶实验证据比较困难，所以我们转而寻找间接而重要的证据(例如，P_2O_5/K_2O 比值的变化情况)。然而对于红格岩体而言，除去异常样品(HG16、HG22 和 HG26，见表 4-1)之外，P_2O_5/K_2O 比值从下部带到上部带都表现为较稳定[见图 4-2(f)]，分别为下部带(0.53～4.36)、中部带(0.61～3.75)和上部带(0.69～3.58)。所以，我们认为柱状图中稳定的 P_2O_5/K_2O 比值以及不相容高场强元素的地球化学行为能够说明红格侵入体中钛铁氧化物是由结晶分异形成，而不是前人 Zhou 等[52]所提出的富 Fe 熔体的流体不混溶。

6.2　红格岩体与峨眉山玄武岩的关系

作为峨眉山大火成岩省的一部分，溢流玄武岩在时间和空间上与众多的镁铁-超镁铁质侵入体存在密切的联系[71-72,86]。Zhou 等[71]认为攀西地区钛铁钒氧化物矿床与峨眉山高钛玄武质岩浆具有成因上的联系，而区内的铂族元素铜镍硫化物矿床则是由低钛玄武质岩浆形成的。然而，部分研究[78,94-95]认为攀西地区不同类型的镁铁-超镁铁质侵入体的成因并不能简单地归咎于某一特定类型的玄武岩(高钛或低钛)。红格岩体东北部白草和板房箐地区出露的高钛和低钛玄武岩为我们探讨其成因联系提供了较好的机会。

Zhang 等[275]和 Luan 等[276]以永胜地区高 Ti 苦橄岩橄榄石斑晶(Fo＝91.71)中的熔体包裹体成分作为深部岩浆房的原始岩浆成分(该熔融包裹体 M8 62 含有 12.29 wt% FeOT、19.68 wt% MgO 和 2.25 wt% TiO_2，该数据引自 Kamenetsky等[171])，利用 MELTS 软件分别模拟了白马岩体和红格岩体的岩浆演化过程，我们同样借鉴此成分作为红格岩体的原始岩浆并使用 Ghiorso 等[266]所开发的 MELTS 软件来模拟这种苦橄质熔体在深部岩浆房氧逸度为 FMQ、起始温度为 1 300 ℃、结束温度为 1 100 ℃、压力为 5 kbar(1 bar＝100 kPa，约 15 km处)和含水量为 0.5 wt%条件下的分异演化过程。MELTS 模拟结果如图 6-2所示，在 1 260 ℃和 1 155 ℃时的岩浆残余熔体组分与板房箐高钛玄武岩(BFQ-2)和白草低钛玄武岩(BC-1)的成分几乎一致，并且上述玄武岩能够由高钛高镁苦橄质原始岩浆演化而来。所以，我们认为板房箐高钛玄武岩(BFQ-2)和白草低钛玄武岩(BC-1)可能是由同一原始岩浆演化而来，而不是前人所提出的来自不同的地幔源区。此外，Bai 等[261]利用 TiO_2 在单斜辉石和玄武质岩浆的实验分配系数(0.45)以及单斜辉石和熔体之间的 Fe-Mg 交换系数(0.27)计算出红格岩体母岩浆的 TiO_2 含量[(3.9～4.9)wt%]以及 MgO/FeO 比值(0.63)。然而，MELTS 模拟图 6-2(b)、(c)表明，当温度降低至 1 235 ℃时，原始岩浆演化后的残余熔体的 TiO_2 含量升高至 4.58 wt%，MgO/FeO 比值降低至 0.62。因此，我们认为红格岩体母岩浆、板房箐高钛玄武岩(BFQ-2)和白草低钛玄武岩(BC-1)均为同一原始岩浆演化至不同阶段的产物，其演化分异顺序如图 6-2 所示。

虽然 Zhong 等[277]早在 2005 年就对攀西地区红格层状岩体开展过较为全面的研究并认为其与峨眉山高钛玄武岩同时代并具有良好的地球化学相关性。然而，接下来我们还是要仔细讨论红格岩体更多的地球化学特征来支持我们上面所作出的推论。首先，红格侵入岩中负的 Sr 异常以及正的 U、Th、Zr 和 Hf 异常可以解释为其母岩浆在进入到浅部岩浆房之前经受过地壳混染，因为上地壳中通常富集上述元素和亏损 Sr[234]。此外，由于 εNd(t)值通常不会受到后岩

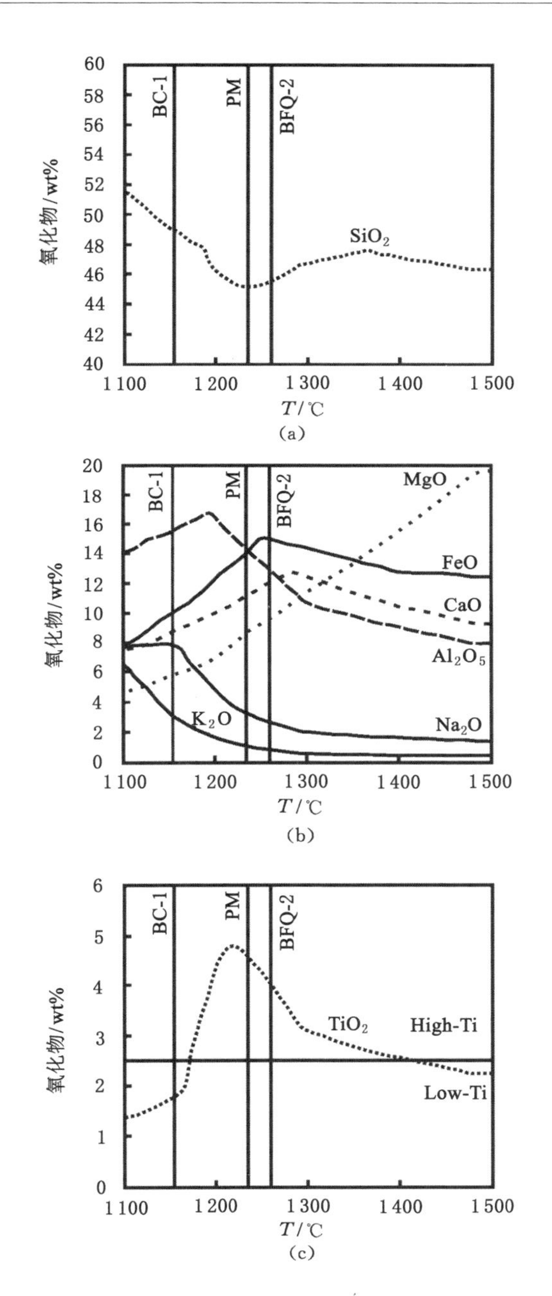

图 6-2　原始岩浆在深部岩浆房分异演化过程（FMQ，5 kbar，0.5 wt% H_2O）
［PM（红格岩体母岩浆成分）引自 Bai 等[261]，BC-1 和 BFQ-2 分别为低钛和高钛玄武岩（见表 4-1）］

浆作用的改造，因此其是反映岩浆源区的良好指示剂。如图 4-6 所示，红格层状侵入体的侵入岩及毗邻白草和板房箐玄武岩落在扬子克拉通中下地壳附近，表明其原始岩浆在从深部岩浆房到浅部岩浆房运移的过程中受到过地壳混染的影响。因此，我们认为红格样品和周围喷发的玄武质岩浆中变化的 εNd(t)值是地壳混染作用的结果。再有，红格岩体侵入岩以及白草和板房箐玄武岩的全岩 Sr-Nd 同位素落在峨眉山低钛玄武岩范围（见图 4-6）之内并且与洋岛玄武岩相似的球粒陨石标准化稀土元素分布趋势（见图 4-4），再次暗示其是同一原始岩浆演化产物，而非来自不同的地幔源区。换言之，红格岩体中赋存的钛铁氧化物矿层与高钛或低钛玄武岩均不具有成因联系。与此同时，白草和板房箐高钛和低钛玄武岩较低的 MgO 含量（<9 wt%）表明其为经历一定程度演化后喷发的残余岩浆。总而言之，我们认为无论何种类型的白草和板房箐玄武岩均与攀西地区红格含钒钛磁铁矿侵入体均不存在成因上的联系，而仅仅是与红格母岩浆同源的岩浆演化残余熔体。

6.3 铂族元素亏损及硫化物熔离过程

红格侵入体中极低的铂族元素（PGE）含量（<0.1～3 ppm）被大家所熟知有一定的时间了[92]。Bai 等[60]认为红格岩体中 PGE 亏损可能是因为其在深部发生过硫化物饱和熔离。然而，攀西地区含铂族元素矿化（新街）或富集（红格）岩体 PGE 亏损机制尚存在不小的争议。所以，我们将试图探求红格岩体原始岩浆特征和更确切的 PGE 亏损机制以便更好地理解红格侵入体的岩浆演化过程。

无论在硫饱和或硫不饱和条件下，铬铁矿的分离结晶和硫化物熔离均能导致玄武质岩浆中 PGE 亏损[83]。通常可以采用微量元素及铂族元素含量的变化来区分其发生 PGE 亏损的岩浆条件（硫饱和或硫不饱和）。对于硫化物熔体或硅酸盐熔体而言，Pd 通常具有比 Pt 高的分配系数[278-280]，若 Pd/Pt 比值因为岩浆中基性矿物的结晶分异而比标准地幔值（0.6）有较大升高的话，可以认为其母岩浆尚未达到硫饱和条件。此外，橄榄石和铬铁矿的结晶分异所导致的明显的 Ni 和 Cr 亏损也暗示其岩浆系统中无硫化物的出现。

如图 6-3(a)～(c)所示，红格侵入岩中 Cr 和 Ni 与 MgO 以及 Cr 与 Ni 存在正相关关系，表明在深部岩浆房当中其原始苦橄质岩浆发生了大量橄榄石和铬铁矿的结晶分异。白草和板房箐玄武岩中较高的 Pd/Pt 比值（见表 4-3）暗示其 PGE 亏损可能发生在硫不饱和的玄武质岩浆下。此外，从上述红格岩体与峨眉

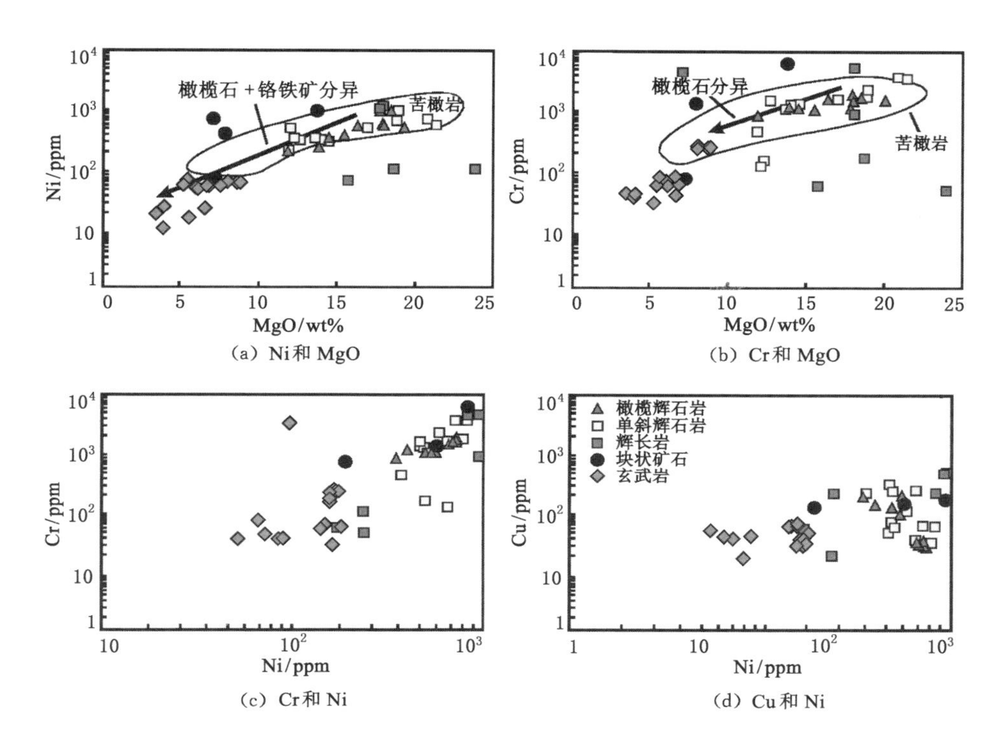

(a) Ni 和 MgO　(b) Cr 和 MgO

(c) Cr 和 Ni　(d) Cu 和 Ni

图 6-3　红格岩体全岩橄榄辉石岩、单斜辉石岩、辉长岩、块状矿石及玄武岩的地球化学特征元素变化图

[图(a)和(b)中的苦橄岩数据引自 Li 等[238]]

山玄武岩的关系中，我们认为红格岩体与白草和板房箐玄武岩是同一原始岩浆演化产物，所以可以推测红格岩体母岩浆也可能是硫不饱和的。在图 6-3(d)中，Cu 和 Ni 之间不存在明显的相关性也说明了上述观点。然而，在硫化物饱和条件下 PGE 在硫化物和硅酸盐熔体之间具有极高的分配系数[279,281]，所以对于 Cu 和 Ni 相比而言，PGE 在硫化物熔体中具有更高的相容性，从而导致残余岩浆中 Cu/Pd 比值较高[282]。红格侵入岩的 Cu/Pd 比值(4.16×10^5 到 3.21×10^4 之间)普遍低于力马河岩体中的硫化物矿化样品，该岩体被认为是与二次硫化物熔离相关[228]。再有，红格岩体侵入岩和白草板房箐玄武岩的 Cu/Pd 比值则普遍高于 PGE 亏损的峨眉山高钛玄武岩和峨眉山大火成岩省中部的金宝山Pt-Pd 矿床[83,86,237](见图 4-7)，金宝山岩体通常被认为是攀西地区单次硫化物熔离作用的代表。Maier 等[283]认为残余熔体中高 Cu/Pd 比值通常是岩浆发生硫化物

熔离作用的特征之一，鉴于红格岩体强烈亏损 PGE 及较高的 Cu/Pd 比值，所以我们认为该岩体可能在深部也经历过硫化物熔离过程。再有，Ir、Pd、Pt 与 Rh 和 Pd 与 Pt 之间的耦合关系[见图 6-3(a)～(d)]以及 $Pt\times10^6/Y$ 比值的急剧降低(见图 6-4)同样表明红格侵入岩中 PGE 含量的变化和较低的 Pd/Pt 比值是由硫化物熔离造成的。Lightfoot 等[284]在研究 Siberian trap 玄武岩时认为 S 饱和以及 PGE 亏损与地壳混染存在密切的联系，原因在于地壳混染过程为岩浆带来了额外的硫，完成了从硫不饱和岩浆到硫饱和岩浆的转变[83]。鉴于红格岩体原始岩浆经受过地壳混染的影响，所以我们认为同化混染过程中硫的加入使其母岩浆达到硫饱和。

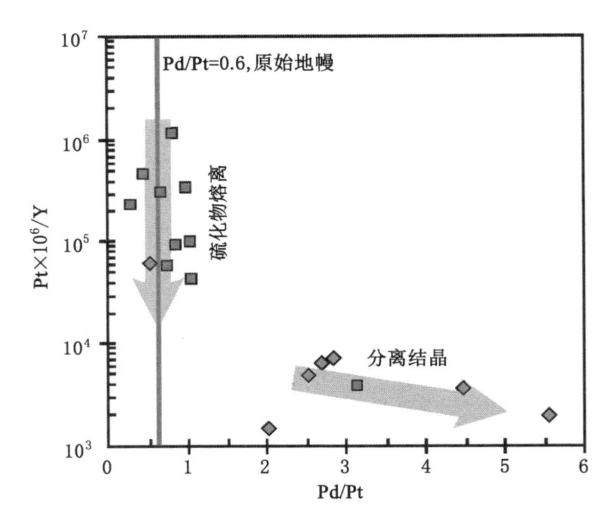

图 6-4 $Pt\times10^6/Y$ 与 Pd/Pt 二元相关图

(表明红格岩体侵入岩和玄武岩中较低的 Pd/Pt 比值是由硫化物熔离造成的)

6.4 小结

红格岩体原始岩浆起初是硫不饱和的，而地壳混染过程中硫的加入使其母岩浆达到硫饱和并在深部发生了硫化物熔离导致红格岩体 PGE 强烈亏损及 Cu/Pd 比值较高。红格岩体母岩浆、板房箐高钛玄武岩和白草低钛玄武岩均为同一原始岩浆演化至不同阶段的产物，间接地说明了峨眉山玄武岩与攀西地区红格含钒钛磁铁矿侵入体不存在成因上的联系。红格岩体母岩浆为较演化的富

Fe、Ti玄武质岩浆，并且在其母岩浆在浅部岩浆房的演化过程当中有岩浆补给作用的发生。红格侵入体中巨厚的钒钛磁铁矿矿层的成矿机制不是流体不混溶，而是结晶分异形成。

第7章　红格 Fe-Ti-V 矿床成因及成矿模式

与世界众多层状岩体相比，攀西地区不仅以层状岩体中赋存的岩浆型钛铁氧化物矿床以其储量大和品位高而闻名于世，而且其层状岩体还具有独特的矿化特征和矿床成因。实际上，攀西地区层状岩体与世界其他典型层状岩体在母岩浆成分、赋矿层位、岩石组合以及氧化物结晶时限等方面均存在明显的差异，即使是在攀西地区内部的不同层状岩体中，也存在明显的差异性。然而，岩浆成矿作用不仅要受到母岩浆成分和岩浆演化过程的影响，还在一定程度上需要特定的物理化学条件和成矿动力学条件。本章在前面讨论的基础上，重点探讨红格岩体中下部浸染状矿石和块状矿石的成因，建立红格层状钒钛磁铁矿矿床的成矿模式，找出攀西地区众多钒钛磁铁矿矿床成矿的控制因素。

7.1　岩体中下部厚层钒钛磁铁矿矿体成因

攀西地区层状侵入体(红格、攀枝花、白马和太和)蕴藏有数百亿吨储量的钒钛磁铁矿矿床，并且在近十年来一直都是研究玄武质岩浆演化及其成岩成矿作用最炙手可热的研究区域[52,71,86,98,226-227,285-288]。攀枝花侵入体作为该区域内最具代表性和研究较为透彻的基性层状岩体，前人对其可能的成矿机制提出了两种可能性：① 位于攀西层状岩体中下部的钛铁氧化物矿层结晶于富 Fe、Ti 的母岩浆，并经重力分选作用下沉于侵入体底部[96-97,289]；② 铁辉长质母岩浆中分离出富 Fe 不混溶流体成矿[269]。然而，对于该区域内为何能够富集数十亿吨的 Fe、Cr、Ti 和 V，尚存在较大的争议。为此，我们利用 MELTS 模拟软件和新的地球化学证据来探讨可能影响红格侵入体成矿的控制因素。

7.1.1　成矿的物理化学条件

氧逸度是岩浆演化过程中的重要控制因素，直接决定着岩浆的演化趋势以及结晶的矿物组合[290]。红格岩浆系统的氧化还原状态近来吸引了许多人的关注。

卢纪仁等[89]对攀西地区样品计算出在 1 150～1 250 ℃时的氧逸度为 FMQ＋2 到 FMQ＋4(FMQ 为铁橄榄石-磁铁矿-石英缓冲剂)之间,而红格岩体的氧逸度在 1 050 ℃时为 FMQ＋5 到 FMQ＋6 之间。Pang 等[96]用 Andersen 等[291]所开发的 QUILF 程序估算出红格岩体橄榄石中磁铁矿与钛铁矿包体最后平衡的温度和氧逸度分别为 430～540 ℃和 FMQ＋1 到 FMQ＋4。由于硫化物在各种岩浆体系中只能稳定存在于氧逸度(＜FMQ＋1.5)的条件下[292]。由于红格岩体底部样品中存在的大量的浸染状硫化物(见图 3-16),所以我们认为前人的氧逸度估算结果可能偏高,也就是说,红格侵入体中钒钛磁铁矿成矿可能并不需要高氧逸度。

钛磁铁矿的结晶时限以及钛铁氧化物的饱和程度在很大程度上受到岩浆系统内氧逸度的控制[34,58]。由于侵入岩和火山岩的氧逸度通常分布在 FMQ＋1 到 FMQ－2 之间[293-295]以及幔源岩浆含水量普遍低于 0.51 wt％[296],所以我们假设红格岩体母岩浆在深部岩浆房的结晶分异条件为:氧逸度 FMQ,H_2O＝0.5 wt％,P＝5 kbar。高钛苦橄岩橄榄石斑晶(Fo＝91.71)中的熔体包裹体成分作为深部岩浆房的原始岩浆成分(该熔融包裹体 M8 62 含有 12.29 wt％ FeOT、19.68 wt％MgO 和 2.25 wt％TiO_2,该成分引自 Kamenetsky 等[171]),并利用 MELTS 模拟软件来探求氧逸度变化对钛磁铁矿结晶的影响。MELTS 模拟结果如图 7-1 所示。当氧逸度从 FMQ－1 升高至 FMQ＋1 时,岩浆系统内结晶的磁铁矿比例(从 11％升高至 16％)和结晶温度(1 134 ℃升高至 1 164 ℃)[见图 7-1(c)、(d)],可见岩浆系统内钛磁铁矿的结晶对氧逸度的变化是敏感的。Toplis 等[34]的实验工作表明在氧逸度为 FMQ＋1.5 时能够结晶以钛磁铁矿为主的结晶相,而当岩浆在氧逸度为 FMQ 时能够结晶以钛磁铁矿和钛铁矿为主的结晶相。这与我们之前对含磁铁矿和钛铁矿的中部岩相带(MCZ)的氧逸度估算结果(FMQ－0.49 到 FMQ＋0.82)一致。所以,我们有理由认为红格岩体 MCZ 并不算高的氧逸度足以使磁铁矿和钛铁矿大量结晶,也就是说对红格岩体而言,氧逸度可能并不是影响钛铁氧化物大量结晶的关键因素,这与前人 Lightfoot 等[284]所认为的红格和攀枝花岩体中钛铁氧化物的提前结晶需要高氧逸度(FMQ＋1 到 FMQ＋2 和 FMQ 到 FMQ＋1.5)不一致。

7.1.2　水对红格岩体钒钛磁铁矿成矿作用的影响

Howarth 等[297]认为攀枝花基性侵入体中巨厚的钛铁氧化物矿层是由开放岩浆房中多次富 Fe、Ti 并含水母岩浆补给作用成矿的。此外,Luan 等[270]认为水的加入是导致红格岩体较早结晶钛铁氧化物的主要原因,并且其母岩浆对下

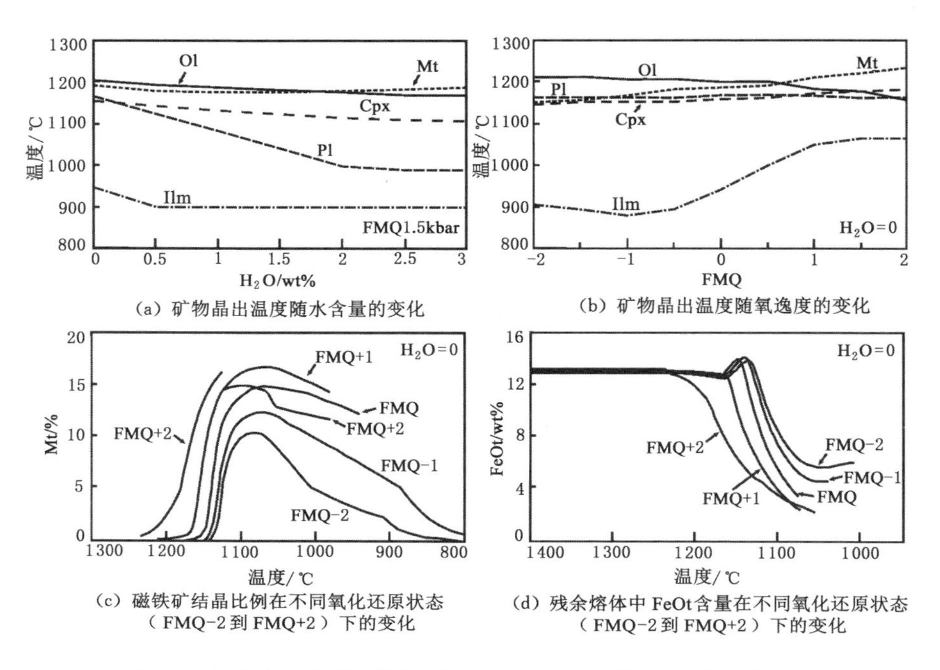

图 7-1　红格岩体母岩浆[图 6-2(a)~(c),1 235 ℃]MELTS 模拟图

盘变质砂岩的同化混染是水加入岩浆房中的主要机制。因此,我们认为水的加入与钛铁氧化物的大量结晶之间必定存在密切联系,可能是我们更好理解红格侵入体岩浆演化及成岩成矿作用的关键因素。

Sobolev 等[296]的研究表明,地幔来源岩浆的水含量通常少于 0.51 wt%。此外,由于红格侵入体上盘为不可能大量含水的玄武岩及正长岩,并且在红格没有发现碳酸盐岩围岩(见图 3-1),所以我们认为红格岩体母岩浆在到达浅部岩浆房时是不含水的。Howarth 等[298]认为无水岩浆通常遵循“Fenner”Fe 富集演化趋势,因此我们假设红格岩体母岩浆在到达浅部岩浆房之后遵循“Fenner”演化趋势逐渐结晶出橄榄石、单斜辉石及少量钛铁氧化物,形成了侵入体底部几乎不含钛铁氧化物的橄榄辉石岩下部岩相带。由于上述硅酸盐矿物的结晶,残余岩浆中 Fe 会发生富集,进而一定程度上为 LOZ 上部及 MCZ 底部发生的钛铁氧化物大量结晶做好物质准备。此外,玄武质岩浆中水的加入还可以导致斜长石中钙长石牌号(An)的增加[299-300]。然而,Bai[301]的研究当中所提及的红格岩体斜长石数据表明,斜长石的 An 牌号从中部岩相带的 62.68 升高到上部岩相带的 74.63。从 Luan 等[276]所采集的红格侵入体南部的钻孔样品可以发现,其上部岩相带中含有大量的磷灰石辉长岩，其中含有 3%～5%的角闪石(部分样品中高达 10%)。我们从发射光下显微镜照片(见图 3-21、图 3-22)的大量统计发现，红格侵入体中部岩相带(MCZ)中有 3%～12%的角闪石与单斜辉石及钛铁氧化物共生，暗示了角闪石是红格岩体中部带的主要造岩矿物，并且钛铁氧化物的堆晶过程或多或少地受到了水的影响。此外，块状矿石中的橄榄石反应边结构(见图 3-24)同样表明当钛铁氧化物大量结晶时该岩浆系统含水。Gaillard 等[302]的实验结果表明，当 fO_2＜FMQ＋1.7 时，岩浆中水的加入能够使硅质岩浆中 Fe^{3+}/Fe^{2+} 比值升高。我们之前的氧逸度估算结果为 LOZ (FMQ－1.29 到 FMQ－0.2)及 MCZ (FMQ－0.49 到 FMQ＋0.82)，并且红格侵入体 MCZ 的 Fe^{3+}/Fe^{2+} 比值[见图 4-2(a)]比 LOZ 有所升高，所以我们认为当红格侵入体母岩浆到达浅部岩浆房形成 MCZ 过程中有外部水的加入。

因此，我们推测红格浅部岩浆房中岩浆补给作用所注入的深部富 Fe、Ti 岩浆及岩浆房内的残余岩浆对岩浆房周围的地层进行加热并萃取吸收了其中所含的裂隙水，多期次的外来岩浆补给使岩浆系统中不断有水的加入，进而导致 MCZ 中钛铁氧化物的大量结晶。我们可以认为不含水的红格母岩浆在岩浆演化的早期主要结晶出硅酸盐矿物以形成 LOZ，而 MCZ 中大量的钛铁氧化物结晶则是由于补给岩浆加热地层使岩浆系统富水所导致。

7.2 红格钒钛磁铁矿矿床成矿模式

通过上述研究讨论，我们发现红格岩体岩浆演化及成矿作用具有以下几个特点：

(1) 红格岩体岩浆演化过程包含浅部和深部两个岩浆房。深部岩浆房中硅酸盐矿物的大量结晶使红格岩体母岩浆中 Fe、Ti 不断富集，在这种玄武质母岩浆到达浅部岩浆房后的结晶分异过程中，还至少有两次来自深部岩浆房的富 Fe、Ti 岩浆的补给，这些条件为形成红格岩体中下部巨厚的钒钛磁铁矿矿层提供了充足的物质基础。

(2) 红格岩体母岩浆从深部岩浆房运移到浅部岩浆房的过程中发生了地壳混染作用不仅为原始硫不饱和岩浆提供额外的硫，使其转换为硫饱和，并且在运移过程中发生了硫化物熔离作用，还从一定程度上升高了其母岩浆的氧逸度。

(3) 红格岩体中部岩相带较高的氧逸度(FMQ－0.49 到 FMQ＋0.82)并不是导致钛铁氧化物大量结晶的主要原因，围岩地层中水的加入才是其中钛磁铁矿和钛铁矿大量结晶的关键控制因素。

据此，我们认为红格岩体可能的成矿模式（见图 7-2）为：原始幔源岩浆起源于硫不饱和的岩浆系统并且是 PGE 不亏损的。然而在幔源岩浆向浅部岩浆房运移的过程中，地壳混染所提供的硫让红格岩体母岩浆达到硫饱和并在深部岩浆房分离结晶出橄榄石、硫化物及少量钛铁氧化物，使其母岩浆转变为 PGE 亏损的富 Fe、Ti 玄武质岩浆。在深部岩浆房中演化之后的不含水或含少量水的母岩浆进入到红格浅部岩浆房内，在相对封闭的状态下结晶分异出橄榄石、单斜辉石以及少量磁铁矿和钛铁矿，从而形成了红格岩体下部橄榄辉石岩相带。这些矿物的结晶分异会导致残余岩浆 Fe 和 Ti 的不断富集、深部岩浆房的富 Fe 和 Ti 岩浆的补给以及补给岩浆和演化残余岩浆加热围岩地层并萃取其中的水，这三个条件可能是大量结晶和堆积红格岩体中部带巨厚钛铁氧化物矿层的关键控制因素。

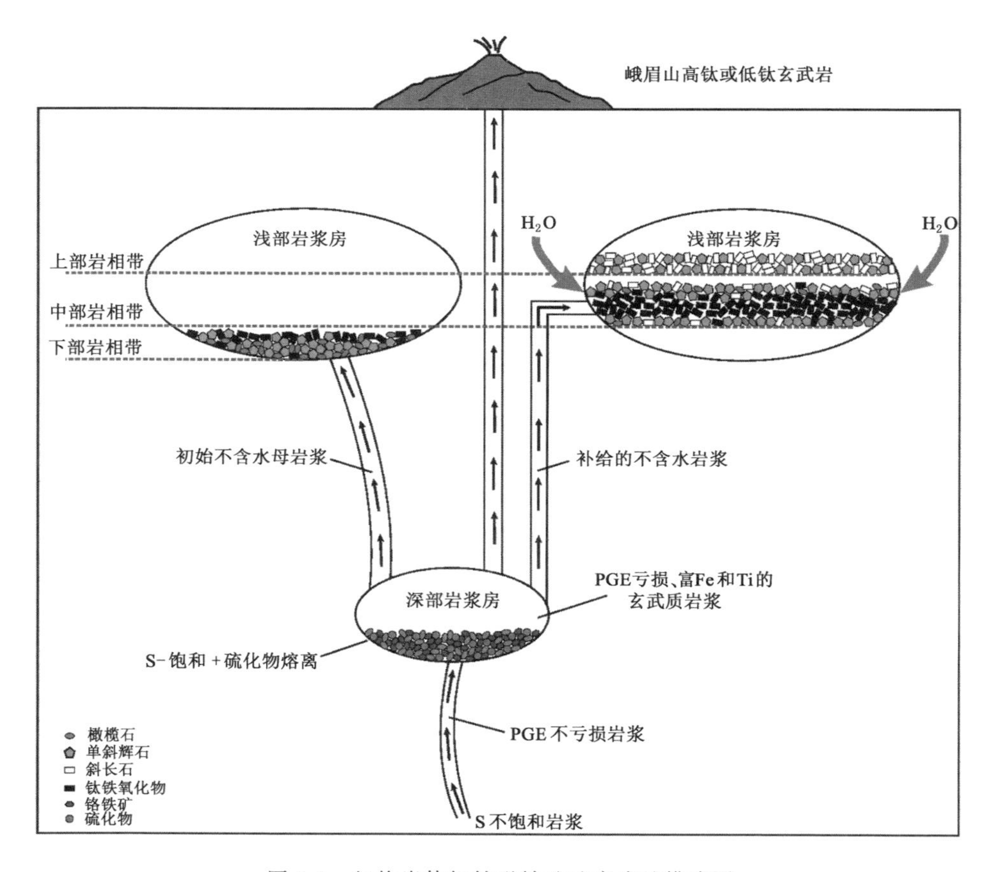

图 7-2　红格岩体钒钛磁铁矿矿床成矿模式图

第 8 章　主要结论及存在问题

8.1　主要结论

我国西南部峨眉山大火成岩省幔源岩浆演化和幔源岩浆成矿是近几年地学界研究的热点问题。本书对攀西地区红格镁铁-超镁铁质层状侵入体及其各岩相带赋存的钒钛磁铁矿矿层进行了系统的研究。本书通过岩石学、矿物学、元素地球化学及 PGE 地球化学的深入研究得出以下初步结论：

（1）红格岩体岩浆演化分为深部和浅部两个岩浆房。深部岩浆房硅酸盐矿物的大量结晶使红格岩体母岩浆中 Fe、Ti 不断富集。钛铁氧化物比例（磁铁矿/钛铁矿）和 Ba/Th 比值有两个垂向上的地球化学突变，表明当这种玄武质母岩浆到达浅部岩浆房后的结晶分异过程中，还至少有两次来自深部岩浆房的富 Fe、Ti 岩浆的补给，这些条件为形成红格岩体中下部巨厚的钒钛磁铁矿矿层提供了充足的物质基础。P_2O_5/K_2O 比值稳定的垂向变化以及不相容高场强元素的地球化学行为能够说明红格侵入体中巨厚的钒钛磁铁矿矿层的成矿机制不是流体不混溶，而是结晶分异形成。

（2）MELTS 模拟结果（见图 6-2）表明，在 1 260 ℃和 1 155 ℃时的岩浆残余熔体组分与板房箐高钛玄武岩（BFQ-2）和白草低钛玄武岩（BC-1）的成分几乎一致，说明上述玄武岩能够由高钛高镁苦橄质原始岩浆演化而来。此外，我们认为板房箐高钛玄武岩和白草低钛玄武岩以及红格岩体母岩浆可能是同一原始岩浆演化至不同阶段的产物。

（3）红格母岩浆从深部岩浆房运移到浅部岩浆房过程中发生的地壳混染作用不仅为原始硫不饱和岩浆提供额外的硫，使其转换为硫饱和并且在深部发生了硫化物熔离作用，还从一定程度上升高了其母岩浆的氧逸度。

（4）红格岩体中部辉石岩相带较高的氧逸度（FMQ－0.49 到 FMQ＋0.82）并不是导致钛铁氧化物大量结晶的主要原因，地层围岩中水的加入才是其中钛磁铁矿和钛铁矿大量结晶的关键控制因素。

(5) 提出红格岩体可能的成矿模式为:原始幔源岩浆起源于硫不饱和的岩浆系统并且是PGE不亏损的。然而在幔源岩浆向浅部岩浆房运移的过程中,地壳混染所提供的硫让红格岩体母岩浆达到硫饱和并在深部岩浆房分离结晶出橄榄石、硫化物及少量钛铁氧化物,使其母岩浆转变为PGE亏损的富Fe、Ti玄武质岩浆。在深部岩浆房中演化之后的不含水或含少量水的母岩浆进入到红格浅部岩浆房内,在相对封闭的状态下结晶分异出橄榄石、单斜辉石以及少量磁铁矿和钛铁矿,从而形成了红格岩体下部橄榄辉石岩相带。这些矿物的结晶分异会导致残余岩浆Fe和Ti的不断富集、深部岩浆房的富Fe和Ti岩浆的补给以及补给岩浆和演化残余岩浆加热围岩地层并萃取其中的水,这三个条件可能是大量结晶和堆积红格岩体中部带巨厚钛铁氧化物矿层的关键控制因素。

8.2 存在问题

(1) 由于红格岩体复杂的后期围岩穿插和包围关系,我们并未能见到具有代表性的冷凝边,所以对岩体母岩浆特征的探讨主要基于地球化学定性讨论和MELTS热力学模拟,缺少野外地质资料(冷凝边)的验证。

(2) 由于本书中样品多为地表采样,受地形、风化影响的限制,所采集的样品中上部岩相带中辉长岩并不新鲜,因此开展工作较少,未能够完整地探讨其岩浆演化过程。

(3) 由于工作时间和条件限制,本书工作未对红格岩体底部围岩进行详细的基础地质工作,对底板围岩的认识仅限于前人的研究资料,也未对红格岩体形成时围岩中可能的含水量进行估算和验证。

参考文献

[1] WAGER L R, BROWN G M. Layered igneous rocks[M]. Edinburgh: Oliver and boyd, 1968.

[2] MORSE S A, LINDSLEY D H, WILLIAM R J. Concerning intensive parameters in the Skaergaard Intrusion[J]. American journal of science, 1980, 280: 159-170.

[3] CAWTHORN R G. Models for incompatible trace-element abundances in cumulus minerals and their application to plagioclase and pyroxenes in the Bushveld Complex[J]. Contributions to mineralogy and petrology, 1996, 123(1): 109-115.

[4] WAGER L, BROWN G M, WADSWORTH W. Types of igneous cumulates [J]. Journal of petrology, 1960, 1(1): 73-85.

[5] HUNTER R. Texture development in cumulate rocks[J]. Developments in petrology, 1996, 15: 77-101.

[6] NASLUND H R, MCBIRNEY A R. Mechanisms of formation of igneous layering[J]. Developments in petrology, 1996, 15: 1-43.

[7] BOWEN N L. The Evolution of the igneous rocks[M]. Princeton: Princeton University Press, 1928.

[8] FENNER C N. The crystallization of basalts[J]. American journal of science, 1929, 18: 225-253.

[9] OSBORN E F. Role of oxygen pressure in the crystallization and differentiation of basaltic magma[J]. American journal of science, 1959, 257: 609-647.

[10] PRESNALL D C. The join forsterite-diopside-iron oxide and its bearing on the crystallization of basaltic and ultramafic magmas[J]. American journal of science, 1966, 264: 753-80.

[11] WAGER L R,BROWN G M.Laytrtd Igntous Rods[M].Edinburgh:Oliver and boyd,1967.

[12] HUNTER R H,SPARKS R S J.The differentiation of the Skaergaard Intrusion [J]. Contributions to mineralogy and petrology, 1987, 95: 451-461.

[13] 徐义刚,梅厚钧,许继峰,等.峨眉山大火成岩省中两类岩浆分异趋势及其成因[J].科学通报,2003,48(4):383-387.

[14] 宋谢炎,王玉兰,张正阶,等.层状侵入体韵律层理成因的关键因素[J].成都理工学院学报,1997,24(4):61-64.

[15] 宋谢炎,王玉兰,张正阶,等.层状侵入体韵律层理形成过程的定量模拟:以四川攀枝花层状岩体为例[J].地质学报,1999,73(1):37-46.

[16] IRVINE T,SMITH C H.The ultramafic rocks of the Muskox intrusion, Northwest Territories, Canada [J]. Ultramafic and related rocks, 1967, 38-49.

[17] JACKSON E D. The cyclic unit in layered intrusions-a comparison of 文 repetitive stratigraphy in the ultramafic parts of the Stillwater, Muskox, Great Dyke, and Bushveld Complexes. Symposium on the Bushveld ingeous complexes and other layered intrusions[J]. Geological society of South Africa special publication,1970,391-424.

[18] LESHER C, WALKER D.Cumulate maturation and meltmigration in a temperature gradient [J]. Journal of geophysical research: solid earth (1978-2012),1988,93(B9):10295-10311.

[19] ULMER G C. Experimental investigations in chromite spinels [J]. Economic geology monograph,969,4:114-131.

[20] CAMERON E.Postcumulus changes in the eastern Bushveld Complex[J]. American mineralogist,1969,54(5-6):754-779.

[21] MCBIRNEY A R,NOYES R M.Crystallization and layering of the skaergaard intrusion[J].Journal of petrology,1979,20(3):487-554.

[22] 宋谢炎,马润则,王玉兰,等.攀枝花层状侵入体韵律层理及岩浆演化特征[J].矿物岩石,1994,14(4):37-45.

[23] GOODE A D T.Sedimentary structures and magma current velocities in the kalka layered intrusion, central Australia[J]. Journal of petrology,

1976,17(4):546-558.

[24] LEE C A.A review of mineralization in the bushveld complex and some other layered intrusions[J].Developments in petrology,1996,15:103-145.

[25] CHARLIER B, DUCHESNE J C, VANDER AUWERA J. Magma chamber processes in the Tellnes ilmenite deposit (Rogaland Anorthosite Province, SW Norway) and the formation of Fe-Ti ores in massif-type anorthosites[J].Chemical geology,2006,234(3):264-290.

[26] BARNES S J, HOATSON D M. The munni munni complex, western Australia: stratigraphy, structure and petrogenesis [J]. Journal of petrology,1994,35(3):715-751.

[27] MATHISON C, AHMAT A. The Windimurra Complex, Western Australia[J].Elsevier science,1996,485-510.

[28] MCBIRNEY A R. The skaergaard intrusion [J]. Developments in Petrology,1996,15:147-180.

[29] WILSON J R, ROBINS B, NIELSEN F M, et al. The Bjerkreim-Sokndal layered intrusion, southwest Norway[J].Elsevier science,1996,231-255.

[30] WILMART E, DEMAIFFE D, DUCHESNE J C. Geochemical constraints on the genesis of the Tellnes ilmenite deposit, Southwest Norway[J]. Economic geology,1989,84(5):1047-1056.

[31] EMSLIE R F. Major rock units of the Morin complex, southwestern Quebec[J].Canada geological survey paper,1975,37:74-78.

[32] ASHWAL L D. Petrogenesis of massif-type anorthosite: crystallization history and liquid line of descent of the Adirondack and Morin Complexes [D].Princeton :Princeton University,1978.

[33] JUSTER T C, GROVE T L, PERFIT M R. Experimental constraints on the generation of Fe-Ti basalts, andesites, and rhyodacites at the Galapagos Spreading Centre, 85°W and 95°W[J].Journal of geophysical research,1989,94:9251-9274.

[34] TOPLIS M J, CARROLL M R. An experimental study of the influence of oxygen fugacity on Fe-Ti oxide stability, phase relations, and mineral-melt equilibria in Ferro-basaltic systems[J].Journal of petrology,1995,36(5): 1137-1170.

[35] CAWTHORN R G, MCCARTHY T S. Variations in Cr content of magnetite from the Upper Zone of the Bushveld Complex-evidence for heterogeneity and convection currents in magma chambers[J]. Earth and planetary science letters, 1980, 46(3): 335-343.

[36] CAWTHORN R G, MCCARTHY T S. Bottom crystallization and diffusion control in layered complexes: evidence from Cr distribution in magnetite from the Bushveld Complex[J]. South African journal of chemistry, 1981, 84(1): 41-50.

[37] IRVINE T N. Origin of chromitite layers in the Muskox intrusion and other stratiform intrusions: A new interpretation[J]. Geology, 1977, 5(5): 273-277.

[38] IRVINE T N, SHARPE M. Magma mixing and the origin of stratiform oxide ore zones in the Bushveld and Stillwater Complexes(South Africa, USA)[M]//Institution of Mining and Metallurgy. Metallogeny of mafic and ultramafic rocks. London: [s.n.], 1986.

[39] HARNEY D M, MERKLE R K, VON GRUENEWALDT G. Platinum-group element behavior in the lower part of the upper zone, eastern Bushveld Complex; implications for the formation of the main magnetite layer [J]. Economic geology, 1990, 85(8): 1777-1789.

[40] CAWTHORN R G, MOLYNEUX T G. Vanadiferous magnetite deposits of the Bushveld Complex[M]//ANHAEUSSET C R, MASKE S. Mineral Deposits of Southern Africa. Johannesburg: Geological Society of South Africa, 1986.

[41] BATEMAN A M. The formation of late magmatic oxide ores[J]. Economic geology. 1951, 46(4): 404-426.

[42] ANDERSON A T. Mineralogy of the Labrieville anorthosite, Quebec[J]. American mineralogist, 1966(51): 1671-1711.

[43] PHILPOTTS A R. Origin of the anorthosite-mangerite rocks in southern Quebec[J]. Journal of petrology, 1966, 7(1): 1-64.

[44] KOLKER A. Mineralogy and geochemistry of Fe-Ti oxide and apatite (nelsonite) deposits and evaluation of the liquid immiscibility hypothesis [J]. Economic geology, 1982, 77(5): 1146-1158.

[45] REYNOLDS I M.Contrasted mineralogy and textural relationships in the uppermost titaniferous magnetite layers of the Bushveld Complex in the Bierkraal area north of Rustenburg[J].Economic geology,1985,80(4):1027-1048.

[46] VON GRUENEWALDT G.Ilmenite-apatite enrichments in the upper zone of the bushveld complex:a major titanium-rock phosphate resource[J].International geology review,1993,35(11):987-1000.

[47] REYNOLDS I M.Contrasted mineralogy and textural relationships in the uppermost titaniferous magnetite layers of the Bushveld Complex in the Bierkraal area north of Rustenburg[J].Economic geology,1985,80(4):1027-1048.

[48] REYNOLDS I M.The nature and origin of titaniferous magnetite-rich layers in the upper zone of the Bushveld complex:a review and synthesis[J].Economic geology,1985,80(4):1089-1108.

[49] HOLNESS M B,STRIPP G,HUMPHREYS M C S,et al.Silicate Liquid immiscibility within the crystal mush: late-stage magmatic microstructures in the skaergaard intrusion,east Greenland[J].Journal of petrology,2011,52(1):175-222.

[50] HUMPHREYS M C S.Silicate liquid immiscibility within the crystal mush:evidence from Ti in plagioclase from the skaergaard intrusion[J].Journal of petrology,2010,52(1):147-174.

[51] JAKOBSEN J K,VEKSLER I V,TEGNER C,et al.Crystallization of the skaergaard intrusion from an emulsion of immiscible iron- and silica-rich liquids:evidence from melt inclusions in plagioclase[J].Journal of petrology,2011,52(2):345-373.

[52] ZHOU M F,ROBINSON P T,LESHER C M,et al.Geochemistry,petrogenesis and metallogenesis of the Panzhihua gabbroic layered intrusion and associated Fe-Ti-V oxide deposits,Sichuan Province,SW China[J].Journal of petrology,2005,46(11):2253-2280.

[53] NASLUND H R,AGUIRRE R,DOBBS F M,et al.The origin,emplacement,and eruption of ore magmas[J].IX congreso geologico chileno actas,2000,2:135-139.

[54] NASLUND H R, HENRíQUEZ F, NYSTR? M J O, et al. Magmatic iron ores and associated mineralization: examples from the Chilean High Andesand Coastal Cordillera[C]//PORTER T M. Hydrothermal iron oxide copper-gold and related deposits: a global perspective. Adelaide: PGC Publishing, 2002.
[55] KLEMM D D, HENCKEL J, DEHM R, et al. The geochemistry of titano-magnetite in magnetite layers and their host rocks of the eastern Bushveld Complex[J]. Economic geology, 1985, 80: 1075-1088.
[56] KÄRKKÄINEN N, APPELQVIST H. Genesis of a low-grade apatite-ilmenite-magnetite deposit in the Kauhajärvi gabbro, western Finland[J]. Mineralium deposita, 1999, 34(8): 754-769.
[57] TOPLIS M J, CARROLL M R. Differentiation of Ferro-basaltic magmas under conditions open and closed to oxygen: implications for the skaergaard intrusion and other natural systems[J]. Journal of petrology, 1996, 37(4): 837-858.
[58] BOTCHARNIKOV R E, ALMEEV R R, KOEPKE J, et al. Phase relations and liquid lines of descent in hydrous ferrobasalt-implications for the skaergaard intrusion and Columbia River flood basalts[J]. Journal of petrology, 2008, 49(9): 1687-1727.
[59] GANINO C, ARNDT N T, ZHOU M F, et al. Interaction of magma with sedimentary wall rock and magnetite ore genesis in the Panzhihua mafic intrusion, SW China[J]. Mineralium deposita, 2008, 43(6): 677-694.
[60] BAI Z J, ZHONG H, NALDRETT A J, et al. Whole-rock and mineral composition constraints on the genesis of the giant Hongge Fe-Ti-V oxide deposit in the Emeishan Large Igneous Province, southwest China[J]. Economic geology, 2012, 107(3): 507-524.
[61] SONG X Y, ZHOU M F, HOU Z Q, et al. Geochemical constraints on the mantle source of the upper Permian Emeishan continental flood basalts, southwestern China[J]. International Geology Review, 2001, 43(3): 213-225.
[62] SONG X Y, ZHOU M F, CAO Z M, et al. Late Permian rifting of the south China Craton caused by the Emeishan mantle plume[J]. Journal of

the geological society,2004,161(5):773-781.

[63] XIAO L,XU Y G,MEI H J,et al.Distinct mantle sources of low-Ti and high-Ti basalts from the western Emeishan large igneous province,SW China:implications for plume-lithosphere interaction[J].Earth and planetary science letters,2004,228(3-4):525-546.

[64] XU Y G,CHUNG S L,JAHN B M,et al.Petrologic and geochemical constraints on the petrogenesis of Permian-Triassic Emeishan flood basalts in southwestern China[J].Lithos,2001,58(3-4):145-168.

[65] 骆耀南.略论中国四川攀枝花-西昌古裂谷带:兼答刘凤仁的质疑[J].大自然探索,1984(4):49-58.

[66] 张云湘,袁学诚.中国攀西裂谷文集 3[M].北京:地质出版社,1988.

[67] 从柏林.攀西古裂谷的形成与演化[M].北京:科学出版社,1988.

[68] CHUNG S L,JAHN B M.Plume-lithosphere interaction in generation of the Emeishan flood basalts at the Permian-Triassic boundary[J].Geology,1995,23(10):889-892.

[69] 侯增谦,汪云亮,张成江,等.峨眉火成岩省地幔热柱的主要元素及 Cr、Ni 地球化学特征[J].地质论评,1999,45(增刊 1):880-884.

[70] 侯增谦,卢记仁,汪云亮,等.峨眉火成岩省:结构、成因与特色[J].地质论评,1999,45(增刊 1):885-891.

[71] ZHOU M F,ARNDT N T,MALPAS J,et al.Two magma series and associated ore deposit types in the Permian Emeishan large igneous province,SW China[J].Lithos,2008,103(3-4):352-368.

[72] ZHOU M F,MALPAS J,SONG X Y,et al.A temporal link between the Emeishan large igneous province (SW China) and the end-Guadalupian mass extinction[J].Earth and planetary science letters,2002,196(3-4):113-122.

[73] GUO F,FAN W M,WANG Y J,et al.When did the Emeishan mantle plume activity start? geochronological and geochemical evidence from ultramafic-mafic dikes in southwestern China[J].International geology review,2004,46(3):226-234.

[74] 宋谢炎,王玉兰,曹志敏,等.峨眉山玄武岩、峨眉地裂运动与幔热柱[J].地质地球化学,1998(1):47-52.

[75] ZHU D, LUO T Y, GAO Z M, et al. Differentiation of the Emeishan flood basalts at the base and throughout the crust of southwest China[J]. International geology review, 2003, 45(5): 471-477.

[76] XIAO L, XU Y G, HE B. Emei mantle plume-subcontinental lithosphere interaction: Sr-Nd and O isotopic evidences from low-Ti and high-Ti basalts[J]. Geological journal of China universities, 2003, 9(2): 207-217.

[77] HE Q, XIAO L, BALTA B, et al. Variety and complexity of the Late-Permian Emeishan basalts: reappraisal of plume-lithosphere interaction processes[J]. Lithos, 2010, 119: 91-107.

[78] HAO Y, ZHANG Z, WANG F, et al. Pereogenesis of high-Ti and low-Ti basalts from the Emeishan large igneous province[J]. Geological review, 2004, 50: 587-592.

[79] ZHANG Z C. A discussion on some important problems concerning the Emeishan large igneous province[J]. Geology in China, 2009, 36: 634-646.

[80] DONG S Y, ZHANG Z C. Geochemical behavior of yttrium in fe-ti oxides-an example inferred from the Emeishan large igneous province[J]. Geological review, 2009, 50: 355-360.

[81] SHELLNUTT J G, JAHN B M. Origin of Late Permian Emeishan basaltic rocks from the Panxi region (SW China): implications for the Ti-classification and spatial-compositional distribution of the Emeishan basalts[J]. Journal of volcanology and geothermal research, 2011, 199: 85-95.

[82] SONG X Y, ZHANG C J, HU R Z, et al. Genetic links of magmatic deposits in the Emeishan large igneous province with dynamics of mantle plume [J]. J mineral petrol, 2005, 25(4): 33-44.

[83] SONG X Y, KEAYS R R, XIAO L, et al. Platinum-group element geochemistry of the continental flood basalts in the central Emeisihan large igneous province, SW China[J]. Chemical geology, 2009, 262(3-4): 246-261.

[84] SONG X Y, ZHOU M F, TAO Y, et al. Controls on the metal compositions of magmatic sulfide deposits in the Emeishan large igneous province, SW China[J]. Chemical geology, 2008, 253(1-2): 38-49.

[85] 宋谢炎，张成江，胡瑞忠，等.峨眉火成岩省岩浆矿床成矿作用与地幔柱动

力学过程的耦合关系[J].矿物岩石,2005,25(4):35-44.

[86] ZHONG H,ZHU W G.Geochronology of layered mafic intrusions from the Pan-Xi area in the Emeishan large igneous province,SW China[J]. Mineralium deposita,2006,41(6):599-606.

[87] 骆耀南.攀枝花地区辛阶含钛铬铁矿的层状超镁铁-镁铁岩岩体的矿化特征[J].地球化学,1981,10(1):66-73.

[88] 李德惠,茅燕石.攀西地区含钒钛磁铁矿层状侵人体的韵律层及形成机理[J].矿物岩石,1982,2(1):29-41.

[89] 卢记仁,张承信,张光弟,等.攀西地区钒钛磁铁矿矿床的成因类型[J].矿床地质,1988,7(1):1-13.

[90] 刘枤,沈发奎,张光宗.攀西地区层状侵入体[M]//张云湘.中国攀西裂谷文集.北京:地质出版社,1985.

[91] ZHONG H,CAMPBELL I H,ZHU W G,et al.Timing and source constraints on the relationship between mafic and felsic intrusions in the Emeishan large igneous province[J].Geochimica et cosmochimica acta, 2011,75(5):1374-1395.

[92] ZHONG H,ZHOU X H,ZHOU M F,et al.Platinum-group element geochemistry of the Hongge Fe-V-Ti deposit in the Pan-Xi area, southwestern China[J].Mineralium deposita,2002,37(2):226-239.

[93] 胡素芳,钟宏,刘秉光,等.攀西地区红格层状岩体的地球化学特征[J].地球化学,2001,30(2):131-139.

[94] ZHANG Z C,HAO Y L,AI Y,et al.Phase equilibria constraints on relations of ore-bearing intrusions with flood basalts in the Panxi Region,SW China[J].Acta geologica sinica,2009,83:295-309.

[95] HOU T,ZHANG Z C,KUSKY T,et al.A reappraisal of the high-Ti and low-Ti classification of basalts and petrogenetic linkage between basalts and mafic-ultramafic intrusions in the Emeishan large igneous province, SW China[J].Ore geology review,2011,41:133-143.

[96] PANG K N,ZHOU M F,LINDSLEY D,et al.Origin of Fe-Ti oxide ores in mafic intrusions:evidence from the Panzhihua intrusion,SW China[J]. Journal of petrology,2007,49(2):295-313.

[97] PANG K N,LI C S,ZHOU M F,et al.Abundant Fe – Ti oxide inclusions

in olivine from the Panzhihua and Hongge layered intrusions, SW China: evidence for early saturation of Fe - Ti oxides in ferrobasaltic magma[J]. Contributions to mineralogy and petrology, 2008, 156(3): 307-321.

[98] PANG K N, ZHOU M F, QI L, et al. Flood basalt-related Fe-Ti oxide deposits in the Emeishan large igneous province, SW China[J]. Lithos, 2010, 119(1/2): 123-136.

[99] WANG C Y, ZHOU M F, ZHAO D. Fe-Ti-Cr oxides from the Permian Xinjie mafic-ultramafic layered intrusion in the Emeishan large igneous province, SW China: crystallization from Fe- and Ti-rich basaltic magmas [J]. Lithos, 2008, 102: 198-217.

[100] GANINO C, ARNDT N T, ZHOU M F, et al. Interaction of magma with sedimentary wall rock and magnetite ore genesis in the Panzhihua mafic intrusion, SW China[J]. Mineralium deposita, 2008, 43(6): 677-694.

[101] XING C M, WANG C Y, ZHANG M J. Volatile and C-H-O isotopic compositions of giant Fe-Ti-V oxide deposits in the Panxi region and their implications for the sources of volatiles and the origin of Fe-Ti oxide ores[J]. Science China, 2012, 55(11): 1782-1795.

[102] 赵莉，张招崇，王福生，等. 一个开放的岩浆房系统：攀西新街镁铁-超镁铁质层状岩体[J]. 岩石学报，2006，22(6)：1565-1578.

[103] 艾羽，张招崇，王福生，等. 攀枝花层状辉长质岩体的微量元素和 Sr-Nd-Pb-O 同位素系统：对地幔源区和矿床成因的约束[J]. 地质学报，2006，80(7)：995-1004.

[104] 张晓琪，张加飞，宋谢炎，等. 斜长石和橄榄石成分对四川攀枝花钒钛磁铁矿床成因的指示意义[J]. 岩石学报，2011，27(12)：3675-3688.

[105] 王世霞，朱祥坤，宋谢炎. 攀枝花钒钛磁铁矿 Fe 同位素分布特征及其意义[J]. 矿物学报，2011，31(增刊 1)：1020-1021.

[106] JIANG N, CHU X L, MIZUTA T, et al. A magnetite-apatite deposit in the Fanshan alkaline ultramafic complex, northern China[J]. Economic geology, 2004, 99: 397-408.

[107] ZHANG Z, ZHI X, CHEN L, et al. Re-Os isotopic compositions of picrites from the Emeishan flood basalt province, China[J]. Earth and planetary science letters, 2008, 276: 30-39.

[108] DOWNES H, BALAGANSKAYA E, BEARD A, et al. Petrogenetic processes in the ultramafic, alkaline and carbonatitic magmatism in the Kola Alkaline province: a review[J]. Lithos, 2005, 85: 48-75.

[109] NIU X, CHEN B, LIU A, et al. Petrological and Sr - Nd - Os isotopic constraints on the origin of the Fanshan ultrapotassic complex from the north China Craton[J]. Lithos, 2012, 149: 146-158.

[110] HOU T, ZHANG Z C, KUSKY T, et al. A reappraisal of the petrogenetic linkage between basalts and mafic-ultramafic intrusions in the Emeishan large igneous province, SW China[J]. Ore geology reviews, 2011, 41: 133-143.

[111] ZHANG Z C, MAO J W, SAUNDERS A D, et al. Petrogenetic modeling of three mafic-ultramafic layered intrusions in the Emeishan large igneous province, SW China, based on isotopic and bulk chemical constraints[J]. Lithos, 2009, 113: 369-392.

[112] SHARMA M A. In large igneous provinces: Continental, Oceanic, and Planetary Flood Volcanism [M]. Washington: American Geophysical Union, 1997.

[113] DOBRETSOV N L. 250 Ma large igneous province of Asia: Siberian and Emeishan traps (plateau basalts) and associated granitoids[J]. Russian geology and geophysics, 2005, 46: 879-890.

[114] BHAT I, ZAINUDDIN S M, RAIS A. The Panjal Trap chemistry; witness to the birth of Tethys [J]. Geological magazine, 1981, 118: 367-375.

[115] PANG K N, LI C, ZHOU M F, et al. Mineral compositional constraints on petrogenesis and oxide ore genesis of the late Permian Panzhihua layered gabbroic intrusion, SW China[J]. Lithos, 2009, 110: 199-214.

[116] HOU T, ZHANG Z, ENCARNACION J, et al. Petrogenesis and metallogenesis of the Taihe gabbroic intrusion associated with Fe-Ti-oxide ores in the Panxi district, Emeishan large igneous province, southwest China [J]. Ore geology reviews, 2012, 49: 109-127.

[117] ZHOU M F, CHEN W T, WANG C Y, et al. Two stages of immiscible liquid separation in the formation of Panzhihua-type Fe-Ti-V oxide

deposits,SW China[J].Geoscience frontiers,2013,4:481-502.
[118] SCOON R N,MITCHELL A A.Discordant iron-rich ultramafic pegmatites in the bushveld complex and their relationship to iron-rich intercumulus and residual liquids[J].Journal of petrology,1994,35(4):881-917.
[119] PARKS J,HILL R E T.Phase compositions and cryptic variation in a 2.2 km section of the Windimurra layered gabbroic intrusion, Yilgarn block,western Australia-a comparison with the Stillwater complex[J]. Economic geology,1986,81:1196-1202.
[120] IRVINE T N.Crystallization sequences in Muskox intrusion and other layered intrusions.2.Origin of chromitite layers and similar deposits of other magmatic ores[J]. Geochimica et cosmochimica acta, 1975, 39: 991-1020.
[121] VEKSLER I V. Extreme iron enrichment and liquid immiscibility in mafic intrusions: Experimental evidence revisited[J].Lithos,2009,111: 72-82.
[122] PANG K N,ZHOU M F,QI L,et al.Petrology and geochemistry at the Lower zone-Middle zone transition of the Panzhihua intrusion, SW China: Implications for differentiation and oxide ore genesis[J].Geoscience frontiers,2013,4: 517-533.
[123] LINDSLEY D H.Do Fe-Ti oxide magmas exist? Geology:Yes;Experiment:No[M].[S.l.:s.n.],2003.
[124] VEKSLER I V,DORFMAN A M,DANYUSHEVSKY L V,et al.Immiscible silicate liquid partition coefficients:implications for crystal-melt element partitioning and basalt petrogenesis[J].Contributions to mineralogy and petrology,2006,152(6):685-702.
[125] JAKOBSEN J K,VEKSLER I V,TENGER C,et al.Immiscible iron-and silica-rich melts in basalt petrogenesis documented in the Skaergaard intrusion[J].Geology,2005,33:885-888.
[126] VEKSLER I V,DORFMAN A M,BORISOV A A,et al.Liquid immiscibility and the evolution of basaltic magma[J].Journal of petrology, 2007,48(11):2187-2210.
[127] PHILPOTTS A R.Comments on:liquid immiscibility and the evolution

of basaltic magma[J].Journal of petrology,2008,49(12):2171-2175.

[128] MCBIRNEY A R.Comments on:liquid immiscibility and the evolution of basaltic magma[J].Journal of petrology,2008,48:2187-2210.

[129] MORSE S A. Compositional convection trumps silicate liquid immisciblity in layered intrusions: a discussion of 'liquid immiscibility and the evolution of basaltic magma' by Veksler et al.,Journal of petrology 48,2187-2210[J].Journal of petrology,2008,49(12):2157-2168.

[130] 王坤,邢长明,任钟元,等.攀枝花镁铁质层状岩体磷灰石中的熔融包裹体:岩浆不混熔的证据[J].岩石学报,2013,29(10): 3503-3518.

[131] PHILPOTTS A R. Origin of certain iron-titanium oxide and apatite rocks[J].Economic geology,1967,62(3):303-315.

[132] TOLLARI N, TOPLIS M J, BARNES S J. Predicting phosphate saturation in silicate magmas: an experimental study of the effects of melt composition and temperature[J].Geochimica et cosmochimica acta, 2006,70: 1518-1536.

[133] TOLLARI N,BAKER D R,BARNES S J.Experimental effects of pressure and fluorine on apatite saturation in mafic magmas,with reference to layered intrusions and massif anorthosites[J].Contributions to mineralogy and petrology,2008,156(2):161-175.

[134] CHARLIER B,GROVE T L.Experiments on liquid immiscibility along tholeiitic liquid lines of descent[J]. Contributions to mineralogy and petrology,2012,164(1):27-44.

[135] CHARLIER B,NAMUR O,TOPLIS M J,et al.Large-scale silicate liquid immiscibility during differentiation of tholeiitic basalt to granite and the origin of the Daly gap[J].Geology,2011,39: 907-910.

[136] HOWARTH G H, PREVEC S A. Hydration vs. oxidation: modelling implications for Fe-Ti oxide crystallisation in mafic intrusions, with specific reference to the Panzhihua intrusion, SW China[J]. Geoscience frontiers,2013,4:555-569.

[137] EALES H V.Implications of the chromium budget of the western limb of the bushveld complex[J].South African journal of geology,2000,103 (2):141-150.

[138] MONDAL S K, MATHEZ E A. Origin of the UG2 chromitite layer, bushveld complex[J].Journal of petrology,2006,48(3):495-510.

[139] EALES H V, COSTIN G. Crustally contaminated komatiite: primary source of the chromitites and Marginal, Lower, and Critical Zone magmas in a staging chamber beneath the Bushveld Complex[J]. Economic geology,2012,107: 645-665.

[140] CAWTHORN R G.Geological interpretations from the PGE distribution in the bushveld merensky and UG2 chromitite reefs[M].Johannesburg: Southern African Institute of Mining and Metallurgy,2010.

[141] LI C, MAIER W D, DE WAAL S A. The role of magma mixing in the genesis of PGE mineralization in the Bushveld complex: thermodynamic calculations and new interpretations[J].Economic geology,2001,96(3): 653-662.

[142] TEGNER C, THY P, HOLNESS M B, et al.Differentiation and compaction in the skaergaard intrusion[J].Journal of petrology,2009,50(5): 813-840.

[143] CARICCHI L, BURLINI L, ULMER P, et al. Non-Newtonian rheology of crystal-bearing magmas and implications for magma ascent dynamics [J].Earth and planetary science letters,2007,264: 402-419.

[144] MCBIRNEY A R, NOYES R M. Crystallization and layering of the skaergaard intrusion[J].Journal of petrology,1979,20(3):487-554.

[145] BRYAN S E, PEATE I U, PEATE D W, et al. The largest volcanic eruptions on Earth[J].Earth science reviews,2010,102(3-4):207-229.

[146] COX K G.A model for flood basalt vulcanism[J].Journal of petrology, 1980,21(4):629-650.

[147] EWART A, MILNER S C, ARMSTRONG R A, et al. Etendeka volcanism of goboboseb mountains and messum igneous complex, Namibia. Part I: geochemical evidence of early cretaceous tristan plume melts and the role of crusstal contamination in the Parana-Etendeka CFB [J].Journal of petrology,1998,39(2):191-225.

[148] HOOPER P R. The Columbia River flood basalt province: current status, large igneous province: continental, oceanic, and planetary flood

volcanism[M].Washington:American Geophysical Union,1997.

[149] CASHMAN K V,MARSH B D.Crystal size distribution (CSD) in rocks and the kinetics and dynamics of crystallization II: makaopuhi lava lake [J].Contributions to mineralogy and petrology,1988,99(3):292-305.

[150] HIGGINS M D. Magma dynamics beneath Kameni volcano, Thera, Greece,as revealed by crystal size and shape measurements[J].Journal of volcanology and geothermal research,1996,70(1-2): 37-48.

[151] HIGGINS M D.Origin of anorthosite by textural coarsening:quantitative measurements of a natural sequence of textural development[J].Journal of petrology,1998,39(7):1307-1323.

[152] MARSH B D.Crystal size distribution (CSD) in rocks and the kinetics and dynamics of crystallization [J]. Contributions to mineralogy and petrology,1988,99(3):277-291.

[153] MARSH B D.On the interpretation of crystal size distributions in magmatic systems[J].Journal of petrology,1998,39(4):553-599.

[154] HIGGINS M D, CHANDRASEKHARAM D. Nature of Sub-volcanic magma chambers, deccan province, India: evidence from quantitative textural analysis of plagioclase megacrysts in the giant plagioclase basalts[J].Journal of petrology,2007,48(5): 885-900.

[155] MORGAN D J,JERRAM D A.On estimating crystal shape for crystal size distribution analysis [J]. Journal of volcanology and geothermal research,2006,154(1): 1-7.

[156] ZELLMER G F,BLAKE S,VANCE D,et al.Plagioclase residence times at two island arc volcanoes (Kameni Islands, Santorini, and Soufriere, St.Vincent) determined by Sr diffusion systematics[J].Contributions to mineralogy and petrology,1999,136(4):345-357.

[157] HIGGINS M D.The Cascadia megathrnst earthquake of 1700 may have rejuvenated an isolated basalt volcano in western Canada: age and petrographic evidence[J].Journal of volcanology and geothermal research, 2009,179(1-2): 149-156.

[158] MAGEE C,O'DRISCOLL B,CHAMBERS A D.Crystallization and textural evolution of a closed-system magma chamber: insights from a

crystal size distribution study of the Lilloise layered intrusion, east Greenland[M].Geological magazine,2010,147(03): 363-379.

[159] ARMIENTI P,PERINELLI C,PUTIRKA K D.A new model to estimate deep-level magma ascent rates, with applications to Mt. Etna (Sicily, Italy)[J].Journal of petrology,2012,54:795-813.

[160] CASHMAN K V. Relationship between plagioclase crystallization and cooling rate in basaltic melts [J]. Contributions to mineralogy and petrology,1993,113(1):126-142.

[161] MORGAN D J, JERRAM G M, et al. Combining CSD and isotopic microanalysis: Magma supply and mixing processes at Stromboli Volcano,Aeolian Islands,Italy [J].Earth and planetary science letters,2007, 260(3-4): 419-431.

[162] SALASBURY M J,BOHRSON W A,CLYNNE M A,et al.Multiple Plagioclase crystal populations identified by crystal size distribution and in situ chemical data: implications for timescales of magma chamber processes associated with the 1915 eruption of Lassen Peak,CA [J]. Journal of petrology,2008,49(10): 1755-1780.

[163] YANG Z F.Combining quantitative textural and geochemical studies to understand the solidification processes of a granite porphyry: Shanggusi,East Qinling,China [J].Journal of petrology,2012,53(9): 1807-1835.

[164] COX K G M,HORNUNG G.Geochemical and petrographic provinces in the Karoo basalts of southern Africa [J].American mineralogist,1967, 52: 1451-1474.

[165] ARNDT N,CHAUVEL C,CZAMANSKE G,et al.Two mantle sources, two plumbing systems: tholeiitic and alkaline magmatism of the Maymecha River Basin,Siberian flood volcanic province[J].Contributions to mineralogy and petrology,1998,133(3):297-313.

[166] MELLUSO L,MAHONEY J J,DALLAI L.Mantle sources and crustal input as recorded in high-Mg Deccan Traps basalts of Gujarat (India) [J].Lithos,2006,89(3-4): 259-274.

[167] PIK R,DENIEL C,COULON C,et al.The northwestern Ethiopian Plat-

eau flood basalts: classification and spatial distribution of magma types [J]. Journal of volcanology and geothermal research, 1998, 81 (1): 91-111.

[168] XU Y G, HE B, CHUNG S L, et al. Geologic, geochemical, and geophysical consequences of plume involvement in the Emeishan flood-basalt province[J].Geology,2004,32(10): 917-920.

[169] ZHANG Z C,MAHONEY J J,MAO J W,et al.Geochemistry of picritic and associated basalt flows of the western Emeishan flood basalt province,China[J].Journal of petrology,2006,47(10):1997-2019.

[170] HANSKI E,KAMENETSKY V S,LUO Z Y,et al.Primitive magmas in the Emeishan large igneous province,southwestern China and northern Vietnam[J].Lithos,2010,119(1-2):75-90.

[171] KAMENETSKY V S,CHUNG S L,KAMENETSKY M B,et al.Picrites from the Emeishan large igneous province,SW China:a compositional continuum in primitive magmas and their respective mantle sources[J]. Journal of petrology,2012,53(10):2095-2113.

[172] LI C,TAO Y,QI L,et al.Controls on PGE fractionation in the Emeishan picrites and basalts: Constraints from integrated lithophile-siderophile elements and Sr-Nd isotopes[J].Geochimica et cosmochimica acta,2012, 90:12-32.

[173] LANGMUIR C H,KLEIN E M,PLANK T.Petrological systematics of mid-ocean ridge basalts: constraints on melt generation beneath ocean ridges[J].Geophysical monograph series,1992,71:183-280.

[174] LARSEN L M, PEDERSEN A K. Processes in high-Mg, high-T magmas:evidence from olivine,chromite and glass in palaeogene picrites from west Greenland[J].Journal of petrology,2000,41(7):1071-1098.

[175] REVILLON S,ARNDT N,HALLOT E,et al.Petrogenesis of picrites from the Caribbean Plateau and the North Atlantic magmatic province [J].Lithos,1999,49(1): 1-21.

[176] SONG X Y,QI H W,HU R Z,et al.Formation of thick stratiform Fe-Ti oxide layers in layered intrusion and frequent replenishment of fractionated mafic magma: evidence from the Panzhihua intrusion,SW China[J].

Geochemistry,geophysics,geosystems,2013,14:712-732.

[177] WANG C Y,ZHOU M F,ZHAO D.Mineral chemistry of chromite from the Permian Jinbaoshan Pt-Pd-sulphide-bearing ultramafic intrusion in SW China with petrogenetic implications[J].Lithos,2005,83(1): 47-66.

[178] ZHONG H,ZHU W G,HU R Z,et al.Zircon U-Pb age and Sr-Nd-Hf isotope geochemistry of the Panzhihua A-type syenitic intrusion in the Emeishan large igneous province,southwest China and implications for growth of juvenile crust[J].Lithos,2009,110(1-4): 109-128.

[179] HE B,XU Y G,HUANG X L,et al.Age and duration of the Emeishan flood volcanism, SW China: geochemistry and SHRIMP zircon U-Pb dating of silicic ignimbrites,post-volcanic Xuanwei Formation and clay tuff at the Chaotian section[J].Earth and planetary science letters,2007, 255(3): 306-323.

[180] VON GRUENEWALDT G, KLEMM D D, HENCKEL J, et al. Exsolution features in titanomagnetites from massive magnetite layers and their host rocks of the upper zone,eastern Bushveld Complex[J]. Economic geology,1985,80:1049-1061.

[181] MCBIRNEY A R,NASLUND H R.The differentiation of the Skaergaard intrusion.A discussion of Hunter and Sparks[J].Contributions to mineralogy and petrology,1990,104:235-240.

[182] TEGNER C.Iron in plagioclase as a monitor of the differentiation of the Skaergaard intrusion[J]. Contributions to mineralogy and petrology, 1997,128(1):45-51.

[183] JANG Y D,NASLUND H R,MCBIRNEY A R.The differentiation trend of the Skaergaard intrusion and the timing of magnetite crystallization: iron enrichment revisited[J]. Earth and planetary science letter, 2001, 89:189-196.

[184] OSBORN E F.Role of oxygen pressure in the crystallization and differentiation of basaltic magma[J].American journal of science,1959,257: 609-647.

[185] BAI Z J,ZHONG H,LI C,et al.Platinum-group elements in the oxide layers of the Hongge mafic-ultramafic intrusion,Emeishan large igneous

province,SW China[J].Ore geology reviews,2012,46:149-161.

[186] QI L,HU J,GREGOIRE D C.Determination of trace elements in granites by inductively coupled plasma mass spectrometry[J].Talanta,2000,51(3):507-513.

[187] QI L,ZHOU M F,WANG C Y,et al.Evaluation of a technique for determining Re and PGEs in geological samples by ICP-MS coupled with a modified Carius tube digestion[J].Geochemical journal,2007,41(6):407-414.

[188] 漆亮,周美夫,严再飞,等.改进的卡洛斯管溶样等离子体质谱法测定地质样品中低含量铂族元素及铼的含量[J].地球化学,2006,35(6):667-674.

[189] XU Y G,MEI H J,XU J F,et al.Origin of two differentiation trends in the Emeishan flood basalts[J].Chinese science bulletin,2003,48(4):390-394.

[190] HANSKI E,WALKER R J,HUHMA H,et al.Origin of Permian-Triassic komatiites,northwestern Vietnam[J].Contributions to mineralogy and petrology,2004,147:453-469.

[191] 宋谢炎,侯增谦,曹志敏,等.峨眉大火成岩省的岩石地球化学特征及时限[J].地质学报,2001,75(4):498-506.

[192] HE B,XU Y G,CHUNG S L,et al.Sedimentary evidence for a rapid,kilometer-scale crustal doming prior to the eruption of the Emeishan flood basalts[J].Earth and planetary science letters,2003,213(3):391-405.

[193] 张云湘.中国西南部一个南北向重要地质构造单元"攀枝花—西昌裂谷带"[J].四川地质学报,1982,3(增刊1):11-24.

[194] 四川省地质矿产局.中华人民共和国区域地质测量报告会理幅(地质部分)[R].[出版地不详:出版者不详],1970.

[195] 四川省地质矿产局.中华人民共和国区域地质调查报告盐边幅(地质部分)[R].[出版地不详:出版者不详],1972.

[196] 四川省地质矿产局攀西地质大队.攀枝花-西昌地区钒钛磁铁矿共生矿成矿规律与预测研究报告[R].[出版地不详:出版者不详],1984.

[197] 四川省地质矿产局攀西地质大队.四川红格钒钛磁铁矿矿床成矿条件及地质特征[M].北京:地质出版社,1987.

[198] 四川省地质矿产局.四川省区域地质志[M].北京:地质出版社,1991.

[199] 刘家铎，张成江，李佑国.攀西地区金属成矿系统[M].北京：地质出版社，2007.

[200] ZHANG H F，GAO S，ZHANG B R，et al.Pb isotopes of granitoids suggest Devonian accretion of Yangtze (south China) Craton to north China Craton[J].Geology，1997，25：1015-1018.

[201] HACKER B R，RATSCHBACHER L，WEBB L，et al.Exhumation of ultrahigh-pressure continental crust in east central China：Late Triassic-Early Jurassic tectonic unroofing[J].Journal of Geophysical Research. Biogeosciences，2000，105：13339-13364.

[202] ZHAO G C，CAWOOD P A.Tectonothermal evolution of the Mayuan assemblage in the Cathaysia Block：implications for Neoproterozoic collision-related assembly of the south China Craton[J]. American journal of science，1999，299：309-339.

[203] YIN A，HARRISON T M.Geologic evolution of the Himalayan-Tibetan orogen[J]. Annual review of earth and planetary science，2000，28：211-280.

[204] TAPPONNIER P，et al.The Ailao Shan-Red River metamorphic belt：tertiary left-lateral shear between Indochina and south China[J].Nature，1990，343：431-437.

[205] CHUNG S L，LEE T Y，LO C H，et al.Intraplate extension prior to continental extrusion along the Ailao Shan-Red River shear zone[J]. Geology，1997，25：311-314.

[206] AITCHISON J C，ALI J R，DAVIS A M.When and where did India and Asia collide? [J].Journal of geophysical research，2007，112：1-19.

[207] ZHOU M F，KENNEDY A K，SUN M，et al.Neoproterozoic arc-related mafic intrusions along the northern margin of south China：implications for the accretion of Rodinia[J].Journal of geology，2002，110：611-618.

[208] ZHOU M F，YAN D P，KENNEDY A K，et al.SHRIMP U-Pb zircon geochronological and geochemical evidence for Neoproterozoic arc-magmatism along the western margin of the Yangtze Block，south China[J]. Earth and planetary science letters，2002，196：51-67.

[209] CHEN J，FOLAND K A，XING F，et al.Magmatism along the southeast

margin of the Yangtze Block: precambrian collision of the Yangtze and Cathaysia blocks of China[J].Geology,1991,19: 815-818.

[210] CHUNG S L,JAHN B M,WU G Y,et al.The Emeishan flood basalt in SW China: a mantle plume initiation model and its connection with continental breakup and mass extinction at the Permian-Triassic boundary [M]//Flower M F J,Chung S L,Lo C H,et al.Mantle dynamics and plate interactions in east Asia, geodynamics series 27. Washington: American Geophysical Union,1998.

[211] WANG C Y,ZHOU M F,QI L.Permian flood basalts and mafic intrusions in the Jinping (SW China)-Song Da (northern Vietnam) district: mantle sources, crustal contamination and sulfide segregation [J]. Chemical geology,2007,243: 317-343.

[212] ALI J R,THOMPSON G M,ZHOU M F,et al.Emeishan large igneous province,SW China[J].Lithos,2005,79: 475-489.

[213] WIGNALL P B.Large igneous provinces and mass extinctions[J].Earth science reviews,2001,53: 1-33.

[214] COURTILLOT V,RENNE P R.On the ages of flood basalt events[J]. Comptes rendus Geoscience,2003,335: 113-140.

[215] ALI J R, LO C H, THOMPSON G M, et al. Emeishan Basalt Ar-Ar overprint ages define several tectonic events that affected the western Yangtze Platform in the Meso-and Cenozoic[J].Journal of Asian earth sciences,2004,23: 163-178.

[216] THOMPSON R N,GIBSON S A.Transient high temperatures in mantle plume heads inferred from magnesian olivines in Phanerozoic picrites[J]. Nature,2000,407:502-506.

[217] ZHOU M F,YANG Z X,SONG X Y,et al.Magmatic Ni-Cu-(PGE) sulfide deposits in China[J].Canadian Institute of Mining,Metallurgy and Petroleum,2002,54,619-636.

[218] Ma Y,JI X T,LI J C,et al.Mineral resources of the Panzhihua region [M].Chengdu:Sichuan SCIENCE AND TECHNOLOGY Press,2003.

[219] ZHONG H, ZHU W G, CHU Z Y, et al. SHRIMP U-Pb zircon geochronology, geochemistry, and Nd-Sr isotopic study of contrasting

granites in the Emeishan large igneous province,SW China[J].Chemical geology,2007,236: 112-133.

[220] SHELLNUTT J G,ZHOU M F.Permian peralkaline,peraluminous and metaluminous A-type granites in the Pan-Xi district,SW China:their relationship to the Emeishan mantle plume[J].Chemical geology,2007,243: 286-316.

[221] BOVEN A, PASTEELS P, PUNZALAN L E, et al. 40Ar/39Ar geochronological constraints on the age and evolution of Permo-Triassic Emeishan volcanic province,southwest China[J].Journal of Asian earth sciences,2002,20:157-175.

[222] LO C H,CHUNG S L,LEE T Y,et al.Age of the Emeishan flood magmatism and relations to Permian-Triassic boundary events[J].Earth and planetary science letters,2002,198: 449-458.

[223] ZHOU M F,ZHAO J H,QI L,et al.Zircon U-Pb geochronology and elemental and Sr-Nd isotope geochemistry of Permian mafic rocks in the Funing area,SW China[J].Contributions to mineralogy and petrology,2006,151(1):1-19.

[224] WANG C Y,ZHOU M F,KEAYS R R.Geochemical constraints on the origin of the Permian Baimazhai mafic-ultramafic intrusion,SW China [J].Contributions to mineralogy and petrology,2006,152(3):309-321.

[225] RENNE P R, KARNER D E, LUDWIG K R. Absolute ages aren't exactly[J].Science,1998,282: 1840-1841.

[226] ZHONG H,HU R Z,WILSON A H,et al.Review of the link between the hongge layered intrusion and Emeishan flood basalts, southwest China[J].International geology review,2005,47:971-985.

[227] ZHONG H, YAO Y, PREVAC S A, et al. Trace-element and Sr-Nd isotopic geochemistry of the PGE-bearing Xinjie layered intrusion in SW China[J].Chemical geology,2004,203: 237-252.

[228] TAO Y, LI C S, SONG X Y, et al. Mineralogical, petrological, and geochemical studies of the Limahe mafic - ultramatic intrusion and associated Ni-Cu sulfide ores,SW China[J].Mineralium deposita,2008,43(8):849-872.

[229] YU S Y, SONG X Y, CHEN L M, et al. Postdated melting of subcontinental lithospheric mantle by the Emeishan mantle plume: evidence from the Anyi intrusion, Yunnan, SW China[J]. Ore geology reviews, 2014, 57: 560-573.

[230] 马玉孝，王大可，纪相田，等.川西攀枝花—西昌地区结晶基底的划分[J].地质通报，2003，22(9)：688-694.

[231] 刘家铎.攀西地区金属成矿系统[M].北京：地质出版社，2007.

[232] 四川地质矿产局攀西地质大队.四川红格钒钛磁铁矿矿床成矿条件及地质特征[M].北京：地质出版社，1987.

[233] 姚培慧.中国铁矿志[M].北京：冶金工业出版社，1993.

[234] TAYLOR S R, MCLENNAN S M. The continental crust: its composition and evolution[M]. London: Blackwell Scientific Publications, 1985.

[235] MARIER W D, BARNES S J, GARTZ V, et al. Pt-Pd reefs in magnetitites of the Stella layered intrusion, South Africa: a world of new exploration opportunities for platinum group element[J]. Geology, 2003, 31(10): 885-888.

[236] TAO Y, LI C S, HU R Z, et al. Petrogenesis of the Pt-Pd mineralized Jinbaoshan ultramafic intrusion in the Permian Emeishan large igneous province, SW China[J]. Contributions to mineralogy and petrology, 2007, 153(3): 321-337.

[237] QI L, ZHOU M F. Platinum-group elemental and Sr-Nd-Os isotopic geochemistry of Permian Emeishan flood basalts in Guizhou Province, SW China[J]. Chemical geology, 2008, 248: 83-103.

[238] LI C, TAO Y, QI L, et al. Controls on PGE fractionation in the Emeishan picrites and basalts: constraints from integrated lithophile - siderophile elements and Sr-Nd isotopes[J]. Geochimica et cosmochimica acta, 2012, 90: 12-32.

[239] KILINC A, CARMICHAEL I S E, RIVERS M L, et al. The ferric-ferrous ratio of natural silicate liquids equilibrated in air[J]. Contributions to mineralogy and petrology, 1983, 83: 136-140.

[240] KRESS V C, CARMICHAEL I S E. The compressibility of silicate liquids containing Fe2O3 and the effect of composition, temperature,

oxygen fugacity and pressure on their redox states[J].Contributions to mineralogy and petrology,1991,108:82-92.

[241] OTTONELLO G,MORETTI R,MARINI L,et al.Oxidation state of iron in silicate glasses and melts: a thermochemical model[J].Chemical geology,2001,174:157-179.

[242] MORETTI R.Polymerization,basicity,oxidation state and their role in ionic modelling of silicate melts[J]. Annals of geophysics,2005,48:583-608.

[243] BOTCHARNIKOV R E,KOEPKE J,HOLTZ F,et al.The effect of water activity on the oxidation and structural state of Fe in a ferro-basaltic melt[J].Geochimica et cosmochimica acta,2005,69:5071-5085.

[244] GROVE T L,BAKER M B.Phase equilibrium controls on the tholeiitic versus calcalkaline differentiation trends [J]. Journal of geophysical research solid earth,1984,85:3253-3274.

[245] BERNDT J,KOEPKE J,HOLTZ F.An experimental investigation of the influence of water and oxygen fugacity on differentiation of MORB at 200 MPa[J].Journal of petrology,2004,46(1):135-167.

[246] FEIG S T,KOEPKE J,SNOW J E.Effect of water on tholeiitic basalt phase equilibria:an experimental study under oxidizing conditions[J].Contributions to mineralogy and petrology,2006,152(5):611-638.

[247] KURITANI T.Boundary layer crystallization in a basaltic magma chamber:evidence from rishiri volcano,northern Japan[J].Journal of petrology,1998,39(9):1619-1640.

[248] GINIBRE C,WÖRNER G,KRONZ A.Minor- and trace-element zoning in plagioclase:implications for magma chamber processes at Parinacota volcano,northern Chile[J].Contributions to mineralogy and petrology,2002,143(3):300-315.

[249] FRANCE L,ILDEFONSE B,KOEPKE J,et al.A new method to estimate the oxidation state of basaltic series from microprobe analyses [J].Journal of volcanology and geothermal research,2010,189:340-346.

[250] LUNDGAARD K L,TEGNER C.Partitioning of ferric and ferrous iron between plagioclase and silicate melt[J]. Contributions to mineralogy

and petrology,2004,147(4):470-483.

[251] MCCANTA M C,DYAR M D,RUTHERFORD M J,et al.Iron partitioning between basaltic melts and clinopyroxene as a function of oxygen fugacity[J].American mineralogist,2004,89:1685-1693.

[252] KRESS V C, CARMICHAEL I S E. The compressibility of silicate liquids containing Fe_2O_3 and the effect of composition, temperature, oxygen fugacity and pressure on their redox states[J].Contributions to Mineralogy and Petrology,1991,108:82-92.

[253] BALLHAUS C,BERRY R F,GREEN D H.High pressure experimental calibration of the olivine-orthopyroxene-spinel oxygen geobarometer: implications for the oxidation state of the upper mantle[J].Contributions to Mineralogy and Petrology,1991,107(1):27-40.

[254] HERD C D K.Basalts as probes of planetary interior redox state[J]. Reviews in mineralogy and geochemistry,2008,68: 527-553.

[255] BUDDINGTON A F,LINDSLEY D H.Iron-titanium oxide minerals and synthetic equivalents[J].Journal of petrology,1964,5(2):310-357.

[256] ANDERSEN D J,LINDSLEY D H.New models for the Ti-magnetite/ilmenite geothermometer and oxygen barometer[C]//Abstract AGU, meeting Eos transactions. Washington: American Geophysical Union,1985.

[257] GHIORSO M S,EVANS B W.Thermodynamics of rhombohedral oxide solid solutions and a revision of the Fe-Ti two-oxide geothermometer and oxygenbarometer[J]. American journal of science, 2008, 308(9): 957-1039.

[258] GHIORSO M S,SACK O.Fe-Ti oxide geothermometry:thermodynamic formulation and the estimation of intensive variables in silicic magmas [J].Contributions to mineralogy and petrology,1991,108(4):485-510.

[259] BOWLES J F W. A method of tracing the temperature and oxygen-fugacity histories of complex magnetite-ilmenite grains[J].Mineralogical magazine,1977,41:103-109.

[260] BOHLEN S R,ESSENE E J.Feldspar and oxide thermometry of granulites in the adirondack Highlands[J].Contributions to mineralogy and

petrology,1977,62(2):153-169.

[261] BAI Z J,ZHONG H,LI C S,et al.Contrasting parental magma compositions for the Hongge and Panzhihua magmatic Fe-Ti-V oxide deposits, Emeishan large igneous province,SW China[J].Economic geology,2014,(109):1763-1785.

[262] ZHONG H, YAO Y, HU S F, et al. Trace-element and Sr-Nd isotopic geochemistry of the PGE-bearing hongge layered intrusion, southwestern China [J]. International geology review, 2003, 45 (4): 371-382.

[263] BARNES S J, MAIER W D, CURL E A. Composition of the marginal rocks and sills of the rustenburg layered suite, Bushveld Complex, South Africa: implications for the formation of the platinum-group element deposits[J].Economic geology,2010,105(8):1491-1511.

[264] CAWTHORN R G.Cr and Sr: keys to parental magmas and processes in the Bushveld Complex, South Africa[J].Lithos,2006,95:381-398.

[265] HARMER R E, SHARPE M R. Field relations and strontium isotope systematic of the marginal rocks of the eastern Bushveld Complex[J]. Economic geology,1985,80:813-837.

[266] GHIORSO M S, SACK R O. Chemical mass transfer in magmatic processes IV. A revised and internally consistent thermodynamic model for the interpolation and extrapolation of liquid-solid equilibria in magmatic systems at elevated temperatures and pressures[J].Contributions to mineralogy and petrology,1995,119(2/3):197-212.

[267] IRVINE T N. Crystallization sequences in the Muskox intrusion and other layered intrusions. 1. Olivine-pyroxene-plagioclase relations [M]. [S.l.]: The Geological Society of South Africa, 1970.

[268] PANG K N, LI C, ZHOU M F, et al. Mineral compositional constraints on petrogenesis and oxide ore genesis of the late Permian Panzhihua layered gabbroic intrusion, SW China[J].Lithos,2009,110: 199-214.

[269] LIU P P, ZHOU M F, WANG C Y, et al. Open magma chamber processes in the formation of the Permian Baima mafic-untramafic layered intrusion, SW China[J].Lithos,2014,184:194-208.

[270] THY P, LESHER C E, NIELSEN T F D, et al. Experimental constraints on the Skaergaard liquid line of descent[J]. Lithos, 2006, 92: 154-180.

[271] WATSON E B. Two-liquid partition coefficients: experimental data and geochemical implications[J]. Contributions to mineralogy and petrology, 1976, 56(1): 119-134.

[272] DIXON S, RUTHERFORD M J. Plagiogranites as late-stage immiscible liquids in ophiolite and mid-ocean ridge suites: an experimental study[J]. Earth and planetary science letters, 1979, 45: 45-60.

[273] PHILPOTTS A R. Compositions of immiscible liquids in volcanic rocks [J]. Contributions to mineralogy and petrology, 1982, 80(3): 201-218.

[274] LINDSLEY D H. Do Fe-Ti oxide magmas exist? Geology: Yes; Experiment: No[M]. [S.l.: s.n.], 2003.

[275] ZHANG X Q, SONG X Y, CHEN L M, et al. Fractional crystallization and the formation of thick Fe-Ti-V oxide layers in the Baima layered intrusion, SW China[J]. Ore geology review, 2012, 49: 96-108.

[276] LUAN Y, SONG X Y, CHEN L M, et al. Key factors controlling the accumulation of the Fe-Ti oxides in the Hongge layered intrusion in the Emeishan large igneous province, SW China[J]. Ore geology review, 2013, 57: 518-538.

[277] ZHONG H, HU R Z, WILSON A H, et al. Review of the link between the hongge layered intrusion and Emeishan flood basalts, southwest China[J]. International geology review, 2005, 47(9): 971-985.

[278] FLEET E M, STONE W E. Partitioning of platinum-group elements in the Fe-Ni-S system and their fractionation in nature[J]. Geochimica et cosmochimica acta, 1991, 55: 245-253.

[279] PEACH C L, MATHEZ E A, KEAYS R R, et al. Experimental determinated sulfide melt-silicate melt partition coefficients for iridium and palladium[J]. Chemical geology, 1994, 117: 361-377.

[280] VOGEL D C, KEAYS R R. The application of platinum group geochemisty in constraining the source of Basalt Magmas: results from the Newer Volcanic Province, Victoria, Australia[J]. Chemical geology, 1997, 136: 181-204.

[281] PEACH C L, MATHEZ E A, KEAYS R R. Sulfide melt-silicate melt distribution coefficients for noble metals and other chalcophile elements reduced from MORB: implications for partial melting[J]. Geochimica et cosmochimica acta, 1990, 54: 3379-3389.

[282] BARNES S J, PICARD C P. The behavior of platinum-group elements during partial melting, crystal fractionation, and sulphide segregation: an example from the Cape Smith Fold Belt, northern Quebec [J]. Geochimica et cosmochimica acta, 1993, 57: 79-87.

[283] MAIER W D, BARNES S J. Platinum-group elements in silicate rocks of the lower, critical and main zones at union section, western bushveld complex[J]. Journal of petrology, 1999, 40(11): 1647-1671.

[284] LIGHTFOOT P C, KEAYS R R. Siderophile and chalcophile metal variations in flood basalts from the Siberian Trap, Noril'sk region: implication for the origin of the Ni-Cu-PGE sulfide ores [J]. Economic geology, 2005, 100: 439-462.

[285] SONG X Y, QI H W, HU R Z, et al. Formation of thick stratiform Fe-Ti oxide layers in layered intrusion and frequent replenishment of fractionated mafic magma: evidence from the Panzhihua intrusion, SW China[J]. Geochemistry, geophysics, geosystems, 2013, 14: 712-732.

[286] WANG C Y, ZHOU M F. New textural and mineralogical constraints on the origin of the Hongge Fe-Ti-V oxide deposit, SW China [J]. Mineralium deposita, 2013, 48(6): 787-798.

[287] ZHANG Z C, MAO J, SAUNDERS A D, et al. Petrogenetic modelling of three mafic-ultramafic layered intrusions in the Emeishan large igneous province, SW China, based on isotopic and bulk chemical constraints[J]. Lithos, 2009, 113: 369-392.

[288] ZHOU M F, CHEN W T, WANG C Y, et al. Two stages of immiscible liquid separation in the formation of Panzhihua-type Fe-Ti-V oxide deposits, SW China[J]. Geoscience frontiers, 2013, 4: 481-502.

[289] SHELLNUTT J G, PANG K N. Mineral compositions of the Late Permian Baima layered gabbroic intrusion: constrains on petrogenesis[J]. Mineralogy and petrology, 2012, 106: 75-88.

[290] RYABCHIKOV I D, KOGARKO L N. Magnetite composition and oxygen fugacities of the Khibina magmatic system[J]. Lithos, 2006, 91: 35-45.

[291] ANDERSEN D J, LINDSLEY D H, DAVIDSON P M. QUILF: A pascal program to access equilibria among Fe-Mg-Mn-Ti oxides, pyroxenes, olivine, and quartz[J]. Computer and geosciences, 1993, 19: 1333-1350.

[292] JUGO P J, LUTH R W, RICHARDS J P. An experimental study of the sulfur content in basaltic melts saturated with immiscible sulfide or sulfate liquids at 1 300 ℃ and 1.0 GPa[J]. Journal of Petrology, 2005, 46 (4): 783-798.

[293] FROST B R, LINDSLEY D H, ANDERSEN D J. Fe-Ti oxide-silicate equilibrium: assemblages with fayalitic olivine [J]. American mineralogist, 1988, 73: 727-740.

[294] CARMICHAEL I S E. The iron-titanium oxides of salic volcanic rocks and their associated ferromagnesian silicates[J]. Contributions to mineralogy and petrology, 1966, 14(1): 36-64.

[295] THY P, LESHER C E, TEGNER C. The Skaergaard liquid line of descent revisited[J]. Contributions to mineralogy and petrology, 2008, 157(6): 735-747.

[296] SOBOLEV A V, CHAUSSIDON M. H_2O concentrations in primary melts from suprasubduction zones and mid-ocean ridges: implications for H_2O storage and recycling in the mantle[J]. Earth and planetary science letters, 1996, 137: 45-55.

[297] HOWARTH G H, PREVEC S A, ZHOU M F. Timing of Ti-magnetite crystallisation and silicate disequilibrium in the Panzhihua mafic layered intrusion: implications for ore-forming processes[J]. Lithos, 2013, 170: 73-89.

[298] HOWARTH G H, PREVEC S A. Hydration vs. oxidation: Modelling implications for Fe-Ti oxide crystallisation in mafic intrusions, with specific reference to the Panzhihua intrusion, SW China[J]. Geoscience frontiers, 2013, 4: 555-569.

[299] SISSON T W, GROVE T L. Temperatures and H_2O contents of

low-MgO high-alumina basalts[J]. Contributions to mineralogy and petrology,1993,113(2):167-184.

[300] KOEPKE J, FEIG S T, SNOW J. Late-stage magmatic evolution of oceanic gabbros as a result of hydrous partial melting: Evidence from the ODP Leg 153 drilling at the Mid-AtlanticRidge[J]. Geochemistry, geophysics,geosystems,2005,6:1-27.

[301] BAI Z J.Petrogenesis and Fe-Ti oxide mineralization of the mafic-untra-mafic layered intrusions in the Pan-Xi area,SW China-a case study of the Hongge and Panzhihua layered intrusions (thesis in Chinese)[D]. [S.l.:s.n.],2012.

[302] GAILLARD F, SCAILLET B, PICHAVANT M, et al. The effect of water and fO2 on the ferric-ferrous ratio of silicic melts[J]. Chemical geology,2001,174: 255-273.